U0249417

食药质量安全检测技术研究

王海燕 等 著

国家自然科学基金委员会重大研究计划重点支持项目（91746202）
国家自然科学基金重点项目（71433006）
国家自然科学基金面上项目（71874158）　　　　　　　资助出版
国家自然科学基金青年项目（61806177）
国家自然科学基金青年项目（72104217）

科学出版社

北京

内 容 简 介

本书围绕食药质量安全智能快检技术展开，首先运用文献计量学技术针对相关研究领域从期刊文献、专利与标准等方面系统地总结分析了食药质量安全检测技术发展态势、学科前沿。其次，在此基础上，分别从食药感官质量、理化质量、生化质量领域系统研究了食药样品检测数据采集与分析、智能识别与高通量鉴别技术等，并进一步研究了基于量子计算的谱图数据解析技术。最后，从数据融合角度提出了多谱融合策略与智能算法。全书从崭新视角针对食药质量安全问题，凝练提出了一套食药质量安全检测技术体系。

本书适合食品质量安全管理、分析检测相关领域的理论和实验工作者、高校教师、研究生和本科生阅读参考。

图书在版编目（CIP）数据

食药质量安全检测技术研究 / 王海燕等著. —北京：科学出版社，2023.10
　ISBN 978-7-03-067134-9

　Ⅰ. ①食… Ⅱ. ①王… Ⅲ. ①食品安全-安全管理-研究 ②药品管理-安全管理-研究 Ⅳ. ①TS201.6 ②R954

中国版本图书馆 CIP 数据核字（2020）第 243173 号

责任编辑：魏如萍 / 责任校对：杨 赛
责任印制：张 伟 / 封面设计：正典设计

科 学 出 版 社 出版
北京东黄城根北街 16 号
邮政编码：100717
http://www.sciencep.com

北京中科印刷有限公司 印刷
科学出版社发行 各地新华书店经销
*
2023 年 10 月第 一 版　开本：720×1000 B5
2023 年 10 月第一次印刷　印张：14
字数：280 000

定价：168.00 元
（如有印装质量问题，我社负责调换）

序　言

　　食品药品（以下简称"食药"）质量安全是关系国计民生的重大问题，直接关乎人民群众的身体健康和生命安全。随着人民生活水平和品质的提升，对食药的质量安全要求越来越高，与此同时，我国在制度建设方面也相继出台了相关法律法规和标准规范，用以约束和监管食药的生成、加工、流通等各个环节。2016年10月，中共中央、国务院印发《"健康中国2030"规划纲要》，提出了"完善食品安全标准体系"和"完善国家药品标准体系"。这对于社会各界开展理论方法探索与技术应用创新赋予了新的需求和动力。

　　近些年来，新兴检测方法、大数据技术和人工智能等现代科技的飞速发展，给食药检测分析的赋能带来了广阔的前景，也催生了大数据驱动的食药质量安全智能管理决策的新思路和范式转变。该系列著作汇集了王海燕教授团队在相关领域的部分研究成果，共分为三部前后承接的专著：《食药质量安全检测技术研究》、《食药质量安全大数据分析方法、原理与实践》和《食品质量安全治理理论、方法与实践》，旨在从检测、数据和管理的视角探讨食药质量安全领域的新兴发展趋势和重要课题，通过理论与实践相结合，体现前沿性、时代感和应用价值。该系列著作具有以下特点。

　　第一，展现食药质量安全领域的交叉学科属性。一方面，从食药质量安全的角度阐述问题情境、重要特征和求解策略，包括理论方法和应用动态；另一方面，从信息技术的角度阐述问题建模与计量学、大数据分析技术的联系，包括利用机器学习（如深度学习）等智能算法，围绕极具领域特色的图谱检测数据进行处理、分析和预测。此外，通过构建基于食药质量安全领域特点的大数据处理框架、决策驱动范式以及云决策原型系统，成功实施了面向乳制品、中药材等情境的质量安全云决策示范应用。相关成果于2021年入选国家自然科学基金委员会科学传播与成果转化中心的成果转化推荐名单，对于行业大数据的赋能实践具有一定的示范和参考价值。

　　第二，体现理论与实践融合以及产业与学科融合。首先，编写者既有化学分析背景的学者，又有长期从事食药质量安全一线工作的技术人员，还有来自信息领域的工程师。这为融合性知识结构的形成奠定了良好基础。特别是，王海燕教授团队具有多年的融合性研究积累，关注食药质量安全控制理论、食药质量安全检测评估、信息服务和公众教育，形成了"技术主导+数据驱动+智能决策"的知识体系，并在食药质量标准化数据源、多源异构质检大数据分析理论与技术、复杂网络系统协同管理、可视化本体建模理论与技术、全景式管理云决策仿真平台等方面产生了一系列创新性的研究成果，在食药质量安全领域凝练形成了具有特色的检测、技术和管理的研究与应用融合方向。

第三，呈现内容逻辑和知识体系上的衔接次第关系。该系列三部专著沿循检测—数据—管理的脉络展开：①《食药质量安全检测技术研究》分别从食药感官质量、理化质量、生化质量的视角，阐释了数据采集与分析、智能识别、高通量鉴别、基于量子计算的图谱数据解析等新技术，进而凝练出了一套食药质量安全检测新技术体系；②《食药质量安全大数据分析方法、原理与实践》从图谱领域数据与机器学习等技术结合的视角，阐释了大数据驱动的食药质量安全分析新范式，并通过实际案例与具体技术方法相契合，以提升知识理解和实操能力；③《食品质量安全治理理论、方法与实践》从质量链视角出发，通过在供需、工艺、监管等层面对食药质量演化机制的表征，深入挖掘相关安全问题的深刻成因和破解路径，并为基于食药大数据的质量安全智能决策系统的建设与应用提供理论方法支撑和管理实践启示。

值得一提的是，近年来国家自然科学基金委员会启动的"大数据驱动的管理与决策研究"重大研究计划，通过部署一系列不同规格的项目，汇聚了一大批国内科研团队在大数据决策范式、大数据分析技术、大数据资源治理、大数据使能创新等方向上开展研究探索和应用示范，为大数据管理决策研究贡献新知并服务国家需求。王海燕教授团队承担了其中的一项重点课题，部分课题进展也在该系列著作中不同程度地得以体现。例如，基于多模态多尺度数据融合理论与技术的探讨，以揭示食药质量安全问题的关键影响因素、丰富领域知识导向的大数据价值发现；构建大数据驱动的全景式食药质量安全管理范式、创新智能快检新技术，以丰富公共安全相关理论方法和决策场景。

在大数据环境下，管理决策要素正在发生着深刻转变，新型决策范式越来越显现出跨域型、人机式、宽假设、非线性的特点。这给食药质量安全领域的理论与实践带来了新的挑战，也提供了更宽广的探索空间。相信该系列著作的出版将使广大读者受益，并在促进我国食药质量安全的产业发展、推动多学科融合和交叉研究、加速构建高水平食药质量安全技术体系等方面发挥积极作用。

陈国青

2022 年 8 月于清华园

目　　录

第1章 食药质量安全检测技术研究概述

食品药品（简称食药）质量安全的有效控制与评价均建立在先进的检测技术基础之上，近年来，一些新的问题不断出现，如新型的食药造假，即造假者采用低价合格产品冒充高价优质产品，由于假冒产品的各项成分指标均符合国家标准对各项指标的要求，传统的检验检测方法难以实现此类较高相似性样品的高效判别；又如新型隐蔽性痕量微量物质非法添加或有害物质检测面临着检测样品数量庞大的客观问题，迫切需要智能化、高通量检测技术的出现，可见，检测技术也需要与时俱进、不断地改进升级。

本书围绕食药质量安全检测技术从以下几个方面展开：首先，运用文献计量学技术针对不同研究领域从期刊文献、专利与标准系统等角度总结分析食药质量安全检测技术发展态势。其次，分别从食药感官质量、理化质量、生化质量领域全面阐述食药样品检测数据采集与分析，研究质量检测数据预处理、智能识别与高通量鉴别技术，并进一步研究基于量子计算的谱图数据解析技术，揭示数据智能识别的分子基础。最后，从数据融合角度研究多模态谱图数据的智能联合识别，提出多谱融合策略与智能算法。本书从智能、快速、系统的崭新视角针对食药质量安全新问题，凝练提出了一套食药质量安全检测技术体系。

传统的学科研究主要是通过阅读大量文献的方式得出学科的发展规律与研究前沿，这种方式极其费时费力，而文献计量学分析方法则可以基于大量的科学文献数据，寻找科学发展的规律与趋势。本章使用该方法对食药质量安全检测技术研究领域的期刊文献、专利与标准进行分析，可以揭示该研究领域的研究现状与趋势。一篇文献中所给出的关键词可以反映出该文献的研究内容，关键词和研究内容在某种程度上存在着联系，共现分析方法正是基于文献、作者和关键词的这种共现关系，计算它们之间的相似度，得出科学知识与学科主题的联系，并进行聚类，以展现科学领域的研究主题、研究热点与前沿的关系。在文献计量学方法的支持下，本章将利用文献计量分析工具 VOSviewer 对食药质量安全检测技术研究现状进行呈现和分析：首先，使用期刊文献数据，对国内外从事该领域研究的学者、机构进行计量分析，再运用关键词共现分析法构建共词网络，以探寻该领域的研究主题与前沿，从而掌握该领域的学术研究现状与发展趋势；其次，使用专利数据，对该技术领域的专利数量、专利权人、技术领域与热点领域的分布进行分析，以掌握国内外食药质量安全检测技术领域的发展态势；最后，利用标准数据，对标准的发布年度、类型、发布机构、起草机构及内容主题进行分析，以掌握食药质量安全检测标准体系的现状。

1.1　基于期刊文献分析的食药质量安全检测技术研究

1.1.1　数据来源与研究方法

1. 数据来源

国外期刊文献数据来源于 Web of Science 数据库的核心合集，国内期刊文献数据来源于中国知网"中国学术期刊（网络版）"数据库，检索时间为 2021 年 8 月。在 Web of Science 核心合集中检索食药质量安全检测的相关期刊文献，检索式为：主题=（traditional medicin* or medicinal material* or food or herb*）and（technolog* or method* or process*）and（detect* or identif*），时间范围限定在 2016 年至 2021 年，将期刊文献类型限定为"article"，可以检索到 75 648 条期刊文献记录。在中国知网"中国学术期刊（网络版）"数据库中的主题字段检索——（药材 or 中药 or 食品）and（检测 or 鉴定）and（技术 or 方法 or 工艺），并且将时间范围限定在 2016 年至 2021 年，可获得 5799 条文献记录。

2. 研究方法

本章使用编程语言 Python 对中英文期刊文献题录数据进行预处理，运用文献计量分析工具 VOSviewer 对中英文的文献题录数据进行分析。VOSviewer 是由荷兰学者内斯·扬·范埃克和沃尔特曼共同开发的分析工具，该软件可实现对标准化的文献题录数据进行自动化提取和处理，实现文献、作者、机构和国家/地区等单元的频次统计、共现分析，用于探究学科领域的研究现状与趋势。

1.1.2　期刊文献分析

1. 期刊文献时间分布

食药质量安全检测技术研究领域的 75 648 篇国外期刊文献和 5799 篇国内期刊文献年度分布趋势如图 1-1 所示。可以看出，2016~2020 年国内期刊发文量的增长趋势有一定的波动，每年的发文量均在 966 篇左右，而国外期刊 2016~2020 年的年度发文量则始终处于上升过程之中，由 2016 年的 10 603 篇增长到了 2020 年的 15 417 篇。截至 2021 年 8 月，2021 年的发文量已达到了 10 883 篇，2021 年的全年发文量很有可能要远超过之前的 2020 年。显然，国外期刊在该领域的研究增长势头要强于国内期刊。

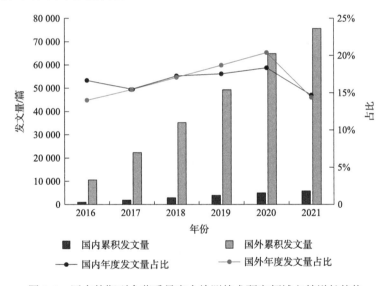

图 1-1　国内外期刊食药质量安全检测技术研究领域文献增长趋势

2. 高影响力作者群体分布

对食药质量安全检测技术研究领域各个国家和地区的发文量进行统计，可以掌握该领域在国家和地区层面的聚集情况。在 VOSviewer 软件中使用该软件的国家和地区共现功能，绘制该领域的国家/地区共现图谱，各个国家和地区之间的合作关系将被揭示（图 1-2）。在图 1-2 中，至少发表 1 篇论文的国家和地区都在图中呈现，包含 129 个节点（国家和地区），节点的大小代表其发文量，连线颜色深浅代表合作次数。可以从图中直观地看出，中国、美国、德国、意大利、土耳其、印度、日本等国依次是该领域发文量最多的国家。

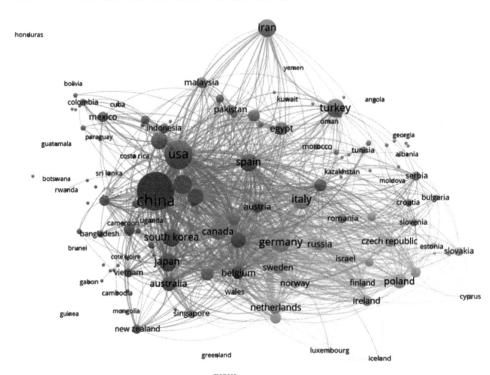

图 1-2 国家和地区合作图谱

由于原始数据和软件设置原因，图中国家英文名称未区分字母大小写

表 1-1 列出了发文量最多的 20 个国家和地区。中国以 25 413 篇论文高居第 1 位，占各国发文总数的比重为 33.69%，紧随其后的是美国，发文量有 11 146 篇，占比为 14.78%，其他国家和地区的发文量均在 5000 篇以下，除德国外，其他国家和地区发文量的占比均未超过 5%。不难看出，中国在食药质量安全检测技术研究领域的发文在国际上处于领先地位，发文量已超过欧美国家。

表1-1 国际期刊发文量排名前20位国家和地区

序号	国家和地区	发文量/篇	占比
1	中国	25 413	33.69%
2	美国	11 146	14.78%
3	德国	4 027	5.34%
4	意大利	3 505	4.65%

续表

序号	国家和地区	发文量/篇	占比
5	土耳其	3 142	4.17%
6	印度	3 119	4.13%
7	日本	2 970	3.94%
8	西班牙	2 897	3.84%
9	伊朗	2 777	3.68%
10	韩国	2 730	3.62%
11	英国	2 436	3.23%
12	巴西	2 413	3.20%
13	加拿大	2 126	2.82%
14	法国	1 827	2.42%
15	澳大利亚	1 773	2.35%
16	波兰	1 583	2.10%
17	荷兰	1 340	1.78%
18	中国台湾	1 178	1.56%
19	埃及	1 172	1.55%
20	瑞士	1 086	1.44%

　　图 1-3 显示了食药质量安全检测技术研究领域的研究机构国际合作网络图。在图中，欧美国家机构位于合作网络的左下方，机构之间的合作频率很高，构成了国际主流的学术研究机构群，而以江南大学、中国科学院为代表的中国大陆的研究机构则位于图的右下方，相对独立于欧美国际主流学术群，此外中国台湾、韩国、日本等国家和地区的研究机构也比较独立。

　　表 1-2 列出了发文量排名前 10 位的机构，在国外期刊上发文量最多的研究机构是浙江大学（3028 篇），其次是中国科学院（2737 篇）、江南大学（2586 篇）、江苏大学（2181 篇）、上海交通大学（2144 篇）、阿德莱德大学（2031 篇）、中国农业科学院（2016 篇），其他机构的发文量均在 2000 篇以下，包括中国农业大学（1985 篇）、南昌大学（1609 篇）、中山大学（1489 篇）。可以看出，在发文量排名前 10 位的机构中，除阿德莱德大学外，其他机构均来自中国，这足

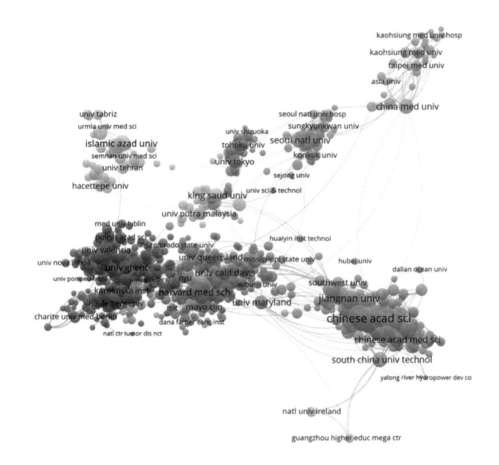

图 1-3　研究机构国际合作网络

由于原始数据和软件设置原因，图中机构英文名称未区分字母大小写

以证明中国在国际食药质量安全检测技术研究领域占据极大的优势地位。从高发文机构发文量占该领域国外期刊发文总量的比重来看，发文量排名前 10 位的机构发文量占比都是相对较低的，发文量占比均在 4% 及以下，而发文量排名在第 10 位及以后的机构发文量占比均在 2% 以下。

表1-2　国外期刊发文量排名前10位的研究机构

排序	机构	发文量/篇	占比
1	浙江大学	3028	4.00%
2	中国科学院	2737	3.62%
3	江南大学	2586	3.42%

续表

排序	机构	发文量/篇	占比
4	江苏大学	2181	2.88%
5	上海交通大学	2144	2.83%
6	阿德莱德大学	2031	2.68%
7	中国农业科学院	2016	2.66%
8	中国农业大学	1985	2.62%
9	南昌大学	1609	2.13%
10	中山大学	1489	1.97%

从某个研究领域的作者发文及其合作关系，可以分析该领域是否形成核心作者群体，这反映了该领域研究的成熟情况。图 1-4 为国外期刊作者合作网络，包含了至少发表 5 篇论文的 928 位作者。对网络进行聚类分析可以发现，这 928 位作者可分为 37 个类别，每个类别包含了 2~380 个不等的作者，每类作者内部都存在着比较紧密的合作。通过对各类别作者研究发现，第一大研究群体构成比较复杂，既包含中国的 "Southwest University"（西南大学）与 "First Inst Oceanog SOA"（国家海洋局第一海洋研究所）、"Nanjing University of Chinese Medicine"（南京医科大学）等机构的学者，又包含韩国的 "KyungHee University"（庆熙大学）、美国的 "University of California，Davis"（加利福尼亚大学戴维斯分校）；第二大研究群体包含 "China Agricultural University"（中国农业大学）、"Jiangsu University"（江苏大学）的学者；第三大研究群体包含 "Chinese Academy of Medical Sciences"（中国医学科学院）、"Northwest A&F University"（西北农林科技大学）的学者；第四大研究群体包含 "China Agricultural University"（中国农业大学）、"Ghent University"（根特大学）、"Beijing Technology and Business University"（北京工商大学）的学者。总体来看，国际食药质量安全检测技术研究领域的学者主要以中国学者为主，学者之间有一定的跨国家和地区、跨机构合作。

表 1-3 为食药质量安全检测技术研究领域发文量排名前 20 位的作者基本情况。发文量排名前 7 位的作者均来自澳大利亚阿德莱德大学，其他排名前 20 位作者的所属机构均来自中国，主要有江苏大学、江南大学、浙江大学、华南理工大学、天津科技大学、台北科技大学、南昌大学、福州大学。显然，澳大利亚

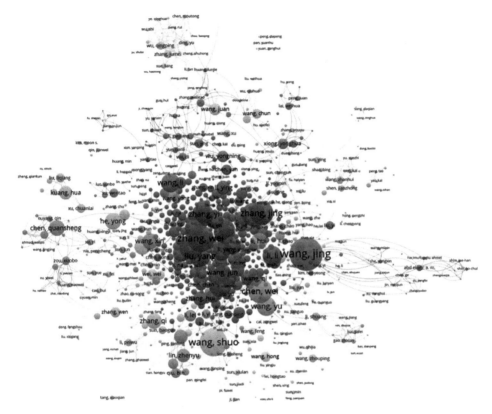

图 1-4　国外期刊文献作者合作网络

由于原始数据和软件设置原因,图中作者英文名称未区分大小写

阿德莱德大学是国际食药质量安全检测技术研究领域高产作者比较集中的机构。近年来,中国在该领域发表的研究论文数量高居首位,同时也形成了许多高产作者。

表1-3　国外期刊文献作者发文情况统计(发文量排名前20位)

排序	作者	所属机构	发文量/篇
1	Petridis A	阿德莱德大学	265
2	Jackson P	阿德莱德大学	263
3	Duvnjak D	阿德莱德大学	260
4	White M J	阿德莱德大学	237
5	Oliver J L	阿德莱德大学	222

续表

排序	作者	所属机构	发文量/篇
6	Qureshi A	阿德莱德大学	217
7	Sharma A S	阿德莱德大学	215
8	Sun Dawen	华南理工大学	103
9	Chen Quansheng	江苏大学	76
10	Kuang Hua	江南大学	72
11	He Yong	浙江大学	72
12	Pu Hongbin	华南理工大学	65
13	Wang Shuo	天津科技大学	64
14	Chen Shenming	台北科技大学	61
15	Xiong Yonghua	南昌大学	61
16	Liu Liqiang	江南大学	51
17	Lin Zhenyu	福州大学	50
18	Zou Xiaobo	江苏大学	49
19	Li Huanhuan	江苏大学	48
20	Xu Chuanlai	江南大学	47

　　图1-5为至少发表3篇国内期刊文献的845个作者合作网络。通过VOSviewer软件的聚类分析功能，这些作者被分为42个群体。其中，最大的群体为以王会霞等为代表的湖北省食品质量安全监督检验研究院研究群体。其他研究群体还有河北省食品检验研究院、仲恺农业工程学院、中国医学科学院北京协和医学院、中国肉类食品综合研究中心、中国食品药品检定研究院、中国检验检疫科学研究院等研究群体。可以发现，国内该研究领域作者合作更多地集中在机构内部，机构之间的合作较少。表1-4列出了国内期刊文献食药质量安全检测技术研究领域的高产作者。发文量排名前10位的作者大部分都来自食品质量安全的相关研究机构。

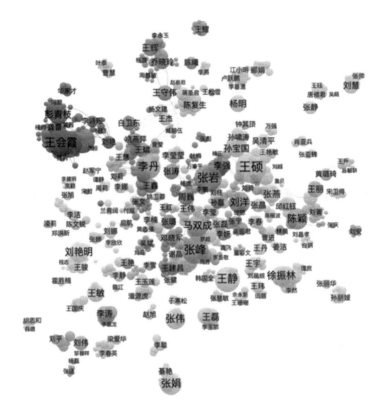

图 1-5　国内期刊文献作者合作网络

表1-4　国内期刊文献作者发文情况统计（发文量排名前10位）

排序	作者	所属机构	发文量/篇	占比
1	王硕	南开大学医学院	33	0.57%
2	王会霞	湖北省食品质量安全监督检验研究院	29	0.50%
3	张峰	中国检验检疫科学研究院食品安全研究所	28	0.48%
4	江丰	湖北省食品质量安全监督检验研究院	27	0.47%
5	杨美华	中国医学科学院北京协和医学院	21	0.36%
6	马双成	中国食品药品检定研究院	21	0.36%
7	刘艳明	山东省食品药品检验研究院	20	0.34%
8	徐振林	华南农业大学食品学院	20	0.34%
9	励建荣	渤海大学食品科学与工程学院	19	0.33%
10	彭青枝	湖北省食品质量安全监督检验研究院	19	0.33%

1.1.3　期刊文献热点研究主题分析

1. 国外期刊文献热点研究主题分布

关键词是对文献研究内容高度精练的描述，以关键词为单元，运用适当的统计、聚类分析方法，可以揭示特定学科领域的研究热点。VOSviewer 软件提供的关键词共现分析功能可以实现对同类关键词的聚类，从而获得国内外文献食药质量安全检测技术研究领域的热点研究主题。通过该软件的关键词共现分析功能，可绘制食药质量安全检测技术研究的关键词聚类图谱（图 1-6），该图谱包含了频次在 75 次以上的 1000 个关键词。图 1-6 中的关键词被聚类为 4 个类别（主题），各类包含的前 50 位高频关键词见表 1-5。其中，聚类 1 为基因技术在食药检测中的应用研究主题，聚类 2 为新型材料在食药检测中的应用研究主题，聚类 3 为传统检测方法的创新与应用研究主题，聚类 4 为食药快速检测方法研究主题。

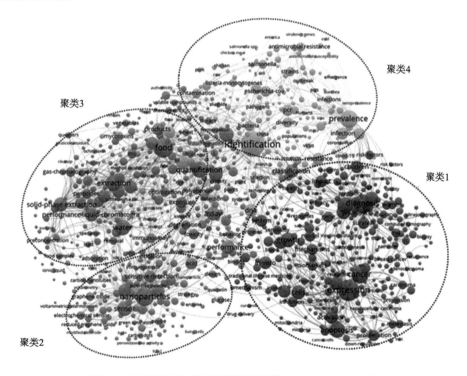

图 1-6　国外期刊文献关键词聚类图谱（2016～2021 年）

表1-5　国外期刊文献前50位高频关键词

排序	关键词	频次	聚类	排序	关键词	频次	聚类
1	identification	4024	4	26	mass-spectrometry	1266	3
2	expression	3070	1	27	DNA	1214	4
3	food	2718	3	28	inflammation	1212	1
4	nanoparticles	2430	2	29	biosensor	1191	2
5	diagnosis	2376	1	30	gold nanoparticles	1181	2
6	prevalence	2196	4	31	liquid-chromatography	1181	3
7	cancer	2065	1	32	oxidative stress	1175	1
8	apoptosis	1777	1	33	in-vitro	1170	1
9	risk	1771	1	34	milk	1163	3
10	quantification	1767	5	35	activation	1157	1
11	extraction	1749	3	36	samples	1152	3
12	water	1726	3	37	products	1121	5
13	quality	1579	5	38	children	1103	1
14	sensor	1547	2	39	protein	1089	1
15	growth	1510	1	40	system	1071	1
16	solid-phase extraction	1473	3	41	impact	1066	1
17	disease	1471	1	42	sensitive detection	1057	2
18	performance	1420	2	43	infection	1043	4
19	assay	1416	2	44	acid	1028	2
20	management	1393	1	45	resistance	1010	4
21	cells	1379	1	46	food safety	1009	4
22	validation	1377	3	47	survival	1000	1
23	performance liquid-chromatography	1344	3	48	epidemiology	993	4
24	rapid detection	1316	4	49	PCR	993	4
25	classification	1282	5	50	association	947	1

1）聚类1：基因技术在食药检测中的应用

在该聚类下包含的关键词有"expression"（表达）、"diagnosis"（诊断）、"cancer"（癌症）、"apoptosis"（细胞凋亡）、"risk"（风险）、"growth"（生长）、"disease"（疾病）、"management"（管理）、"cells"（细胞）、"inflammation"（炎症）、"oxidative stress"（氧化应激）、"in-vitro"（体外）、"activation"（激活）、"children"（儿童）、"protein"（蛋白质）、"system"（系统）、"impact"（影响）、"survival"（生存）等，

研究重点是如何通过基因的鉴定、标记与表达实现对食品和药材品种的认证以及食品成分与污染物质的提取和识别。当前对于药用植物材料的认证往往停留在表型组水平上，即研究在细胞、组织、器官、生物体或种属水平上表现出的所有表型的组合，因此有学者提出应通过基于基因组和代谢组学标记对药用植物材料进行检测，提出了一种基于多组学数据的药用植物研究工作流程[1]。一些有毒物种（如苏云金芽孢杆菌）常常能够以孢子的形式存活并在食物基质中生长，从而导致食源性疾病暴发，而通过全基因组转录分析，在苏云金芽孢杆菌食物分离株中评估孢子萌发过程背后的基因差异表达，可帮助人类及早发现潜在的食源性污染风险[2]。Li 等[3]通过全基因组鉴定从中药材基因组中鉴定出 8 个推定的 SmC5-MTase 基因，结果表明，在酵母提取物和茉莉酸甲酯处理下，6 种 SmC5-MTase 基因的转录水平略有变化，SmC5-MTases 参与了水杨酸依赖性免疫，从而证实了 DNA（脱氧核糖核酸，deoxyribonucleic acid）甲基化在药用植物中生物活性化合物生物合成和道地药材形成中的重要作用。RNA（核糖核酸，ribonucleic acid）测序也已被运用到药材质量评估和农作物育种之中。在 Illumina HiSeq 2500 高通量平台的支持下，一项研究将 RNA 测序用于识别 6 种乌头类植物的苯丙烷类、生物碱等成分，所获得的转录组数据集可以帮助有效识别这些成分，该研究有助于更好地理解这种药材质量的分子机制[4]。例如，隐孢子虫卵囊非常强壮，如果其在环境中长期生存可能会导致隐孢子虫病暴发，而将 RNA 测序用于鉴定氧化应激诱导的潜在上调靶基因，以此开发逆转录定量聚合酶链反应（reverse transcription quantitative polymerase chain reaction，RT-qPCR）方法，可评估隐孢子虫卵囊的暴露情况以及与其有关的食品安全风险，这是一项在不同环境基质中评估灭活隐孢子虫的有用技术[5]。麦芽品质是一个复杂的特征，涉及大麦遗传、大麦生长过程中的环境条件以及麦芽生长过程中的技术参数。一项研究在选定的麦芽制造阶段使用 RNA 测序进行测试，鉴定并注释了两个大麦组之间的 919 个差异转录基因，结果表明麦芽具有复杂的质量特征，据此开发了用于大麦育种的五种分子标记[6]。

2）聚类 2：新型材料在食药检测中的应用

该聚类研究主题下包含的关键词有"nanoparticles"（纳米粒子）、"sensor"（传感器）、"performance"（性能）、"assay"（测定）、"biosensor"（生物传感器）、"gold nanoparticles"（金纳米粒子）、"sensitive detection"（灵敏检测）、"acid"（酸）、"fluorescence"（荧光）、"immunoassay"（免疫分析）、"quantum dots"（量子点）、"graphene oxide"（氧化石墨烯）、"adsorption"（吸附）、"behavior"（行为）、"electrochemical sensor"（电化学传感器）、"aptamer"（适配体）、"graphene"（石墨烯）、"recognition"（识别）、"fabrication"（制造）等，该类主题重点研究碳纳米材料等新型材料在食药检测中的应用。该研究主题属于电化学检测技术研究领域。近年来，电化学传感技术以其选择性高、检测效率高、操作简单、成本低等

优点在生物分析、临床诊断等领域得到广泛应用。常用的改性材料包括碳纳米材料、金属纳米颗粒、离子液体及其组合，这些材料经过精确设计后可与目标分析物相互作用并放大信号。

　　纳米技术被应用于提高产品的微生物安全性和质量，应用案例包括纳米消毒剂、表面杀菌剂、防护服、空气和水过滤器、包装、生物传感器和污染物的快速检测方法，以及确保产品真实性和可追溯性的技术，新型纳米技术在食品工业中的应用前景巨大[7]。在食药检测领域，纳米传感器和纳米生物传感器是用于量化食品中一系列化学物质、毒素和微生物污染物的新兴替代技术，该技术已被证明在高特异性、简单性和可负担性等方面都要优于传统技术，目前被用于检测毒素、病原体、重金属、化学污染物和食品成分等[8]。例如，Kim 等[9]使用电感耦合等离子体发射光谱法（inductively coupled plasma optical emission spectrometer，ICP-OES）和透射电子显微镜（transmission electron microscope，TEM）量化与鉴定了糖果食品中存在的 TiO_2 纳米颗粒。上转换纳米粒子（upconversion nanoparticles，UCNPs）具有抗斯托克斯位移大、化学稳定性高、无自发荧光、透光能力好、毒性低等优点，优于其他荧光材料，利用其作为生物检测发光标记可开发更加灵敏、准确和快速的检测方法，已涌现出许多针对 UCNPs 检测食品污染物的关键标准、UCNPs 传感器构建过程以及 UCNPs 在食品安全检测中的应用前景等方面的研究文献[10]。功能化 Fe_3O_4 纳米粒子（nanoparticles，NPs）的快速发展为食品安全检测的创新提供了前所未有的机遇和技术支持，表面功能化的 Fe_3O_4 纳米粒子结合了超顺磁性和纳米级特征，已成为食品质量和安全检测的绝佳工具，开发快速、灵敏、特异的食品污染物检测技术是食品科学领域的热点问题之一[11]。

　　Huang 等[12]开发了一种基于花状金纳米粒子（floral gold nanoparticles，FGN）的免疫层析试纸（immunochromatographic test paper，ICS）并首次将其用于中药中伏马菌素 B-1（fumonisin B-1，FB1）和脱氧雪腐镰刀菌烯醇（deoxynivalenol，DON）的快速检测方法，同时确定了影响 ICS 灵敏度的最佳实验条件，在该条件下 FB1 和 DON 的视觉检出限为 5.0 ng/mL（相当于中药样品中的 50 μg/kg），可在 5 min 内完成检测，使用该方法可以灵敏、快速且方便地在现场检测大量样品。基于微生物生长抑制和免疫学分析的方法是筛选抗生素残留的两种典型方法，但这两种方法都存在敏感性差、特异性不强等缺点，而基于全细胞的生物传感器和基于表面等离子体共振的传感器所实现的筛选方法具有便携性好、样本量小、灵敏度高和特异性强等特点[13]。Zhang 等[14]首次提出了一种以多壁碳纳米管（multi-walled carbon nanotubes，MWCNTs）作为分散固相萃取吸附剂并结合表面增强拉曼光谱（surface-enhanced Raman spectroscopy，SERS）的快速、简单、低廉、有效、稳定、安全的（quick、easy、cheap、effective、rugged、safe，QuEChERS）检测方法，将其用于检测复杂的溴氰菊酯，这种方法可有效地提取分析物并减少紫堇属植物的背景干扰，因而是快速有效检测中草药（Chinese herbal medicine，CHM）中农药残留的方法。由于中药产品提取的极端复杂性，且难以增强目标掺杂物的选择性信号，基于 SERS 的可疑染色化合物快速筛选方法已被证明难以开发。而 Jiang 等[15]通过对 Cu_2O 选择性信号增强的机制进行研究发现，即使在 0.3 mg/kg 的极低浓度下，也可以直接检测各种中草药提取物中的掺假苏丹红Ⅲ，因此半导体材料在基于 SERS 检测技术开发中具有突出的应用优势。

3）聚类 3：传统检测方法的创新与应用

在该聚类下包含的关键词有"extraction"（萃取）、"water"（水）、"solid-phase extraction"（固相萃取）、"validation"（验证）、"performance liquid-chromatography"（高效液相色谱）、"mass-spectrometry"（质谱）、"liquid-chromatography"（液相色谱）、"milk"（牛奶）、"samples"（样品）、"residues"（残留物）、"exposure"（曝光）、"chromatography"（色谱）、"HPLC"（高效液相色谱）、"toxicity"（毒性）、"gas chromatography"（气相色谱）、"tandem mass- spectrometry"（串联质谱）、"pesticides"（农药）、"separation"（分离）等，重点研究如何通过新型材料的应用和传统检测方法、装置的改进实现检测方法的创新。这类研究通常以磁性纳米粒子（magneticnanoparticles，MNP）、磁性金属及其复合材料等新型材料作为萃取过程中的吸附剂，以提升传统检测方法的检测效率与精准度。例如，Ayyıldız 等[16]利用还原氧化石墨烯（graphene oxide）MNP 从水和婴儿食品样品中预浓缩两种烷基酚、两种有机氯农药和一种有机磷农药，用于气相色谱火焰离子化检测器（gas chromatography-flame ionization detector，GC-FID）的测定，改进后的方法检测能力提高了 60～100 倍。Chen 等[17]将针管膜过滤器固相微萃取和针管膜过滤器液/固相微萃取两种方法分别与高效液相色谱（high performance liquid chromatography，HPLC）联用，开发用于同时富集和测定中药中痕量黄酮类化合物。在优化的条件下，两种新方法均具有良好的线性、准确度、精密度和低检出限，并将其成功应用于中药黄酮类化合物的浓缩。Karami-Osboo 等[18]使用一种简单有效的方法合成了一种磁性纳米复合材料，并通过磁分散固相萃取（magnetic dispersive solid phase extraction，MDSPE）对大米样品中的黄曲霉毒素（aflatoxins，AFs）进行了评估。与其他提取和测定黄曲霉毒素的方法相比，所提出的 MDSPE-液相色谱/荧光检测方法具有快速、简单、优异的品质因数和生态友好等优点。Jiang 等[19]应用磁性金属-有机骨架 MIL-101（Cr）材料固相萃取法结合高效液相色谱-串联质谱法提取了水稻中的 7 种三嗪类除草剂。在最佳条件下，该方法用于测定实际加标样品中的三嗪类除草剂时的相对回收率为 79.3%～116.7%。这种快速、绿色、无污染、预浓缩的提取方法已成功开发并应用于分析水稻样品中的除草剂。Chen 等[20]通过合成 MNP，并将其用作磁性固相萃取（magnetic-solid phase extraction，MSPE）过程中的吸附剂，再与高效液相色谱进行结合，建立了一种新的 MSPE-高效液相色谱方法，用于同时测定食品样品中的四种代表性合成着色剂（苋菜红、丽春红 4R、日落黄和诱惑红）。在优化的实验条件下，四种着色剂均具有良好的线性、检出限和定量限。Guo 等[21]通过使用氧化铁（磁性剂）和二氧化锰（表面增强剂）接近 MSPE，合成了氧化铁和二氧化锰改性的多壁碳纳米管（MWCNTs-Fe$_3$O$_4$-MnO$_2$），并结合高效液相色谱，将其用于测定塑料瓶装饮料样品中的双酚 A（bisphenol A，BPA），结果显示，MWCNTs-Fe$_3$O$_4$-MnO$_2$ 比实验中用到的其他材料对 BPA 的吸附更有效，因此其可作为一种有效的吸附剂，用于测定不同塑料瓶装饮料样品中的 BPA。Khayatian 等[22]开发了一种基于氧化镁（MgO）纳米颗粒改性氧化石墨烯的固相萃取方法，并将其应用于自来水、井水、海水、大米和通心粉样品中镉、铜与镍的测定，加标回收率为 93%～105%。此外，也有学者通过对检测方法与装置的改进，提升了传统检测方法的效果。例如，Escrivá 等[23]优化和验证了一种基于液相色谱串联质谱法测定牛奶、肝脏和大麻种子中大麻素等物质的方法。Omena 等[24]提出了一种基于固相微萃取装置与转盘装置耦合的实验装置，用于测定大米样品中的极性和弱极性农药，该方法能够在避免与固体基质接触时大幅减少固相微萃取纤维的损伤。

4）聚类 4：食药快速检测方法

在该聚类下包含的关键词有"identification"（鉴定）、"prevalence"（流行）、"rapid detection"（快速检测）、"DNA"（脱氧核糖核酸）、"infection"（感染）、"resistance"（耐药性）、"food safety"（食品安全）、"epidemiology"（流行病学）、"PCR"（polymerase chain reaction，聚合酶链反应）、"escherichia-coli"（大肠杆菌）、"bacteria"（细菌）、"real-time PCR"（实时 PCR）、"diversity"（多样性）、"contamination"（污染）、"strains"（菌株）、"genes"（基因）、"meat"（肉类）、"salmonella"（沙门氏菌）、"antimicrobial resistance"（抗生素耐药性）、"detection"（检测）、"evolution"（进化）、"safety"（安全）、"United-States"（美国）、"Listeria-monocytogenes"（李斯特菌-单核细胞增多症）等。该主题下重点研究涉及食药快速检测方法，如微流控芯片技术、电化学免疫传感技术、光谱与机器学习的融合技术及量子点技术等。其中，金属和磁性纳米材料、光学、电化学和光谱学等检测分析技术依赖于通过增强分析灵敏度和特异性对病原体进行早期检测，可以加快检测过程之前的预浓缩步骤[25]。传统方法可能需要几天时间才能做出诊断，但电化学免疫传感器使用抗体分子作为生物受体和电化学换能器，已被广泛用于低成本的病原体检测，可实现"实时"和多重分析[26]。电化学免疫传感器有四种主要技术：电流法、阻抗法、电导法和电位法。微流控芯片技术在检测方面表现出显著优势，包括样品消耗少、检测速度快、操作简单、多功能集成、体积小、多重检测和便携性[27]。现有的准确测定病原体的技术很多，如 PCR、酶联免疫吸附试验（enzyme linked immunosorbent assay，ELISA）或环介导等温扩增

（loop-mediated isothermal amplification，LAMP）技术，但它们不能及时、快速地检测病原体。针对常规现场检测时，存在的预处理耗时、操作复杂等问题，业界引入了具有小型化、便携性和低成本等优点的微流体装置用于病原体检测。SERS 因其灵敏度、快速性和对样品的无损坏被认为是一种强大的测试技术，并被广泛应用于不同领域[28]。食源性病原体对人类生命和健康构成许多威胁，迫切需要快速、灵敏的检测技术。量子点体积小，性能优良稳定，是小型检测装置的候选元件，可用于捕获食源性细菌和快速检测食源性致病菌，而近年量子点生产能力和应用普及率的提升提高了目标病原菌的检测性能，量子点检测方法更具成本优势[29]。Zhang 等[130] 开发了一种快速和特异性检测鱼类过敏原小清蛋白的新方法，基于红外光谱（infrared spectroscopy，IR）数据，通过对 16 种鱼类的小清蛋白红外光谱进行训练和学习，成功建立并比较了初始响应网络（inception-resnet network，IRN）、支持向量机（support vector machine，SVM）和随机森林（randomforest，RF）模型，结果显示，IRN 模型从红外光谱中提取了极具代表性的特征，在识别各种海鲜基质中的小清蛋白时具有很高的准确度（高达 97.3%）。本书研究团队报道了一种基于多尺度残差全卷积网络的分割方法和基于卷积网络的分类方法，可以自动分割图像并同时检测不同质量的杂质（如树叶碎片、纸屑、塑料碎片和金属零件），能够正确分割测试图像中 99.4%的物体区域，正确分类验证图像中 96.5%的异物，正确检测100%的测试图像，且每幅图像的分割和检测处理时间小于 60 ms[31]。本书研究团队在另一项研究中，通过构建一维卷积神经网络（convolutional neural networks，CNN），建立包含五种桃子的可见近红外（visual near-infrared，VIS-NIR）光谱数据库，实现了桃子品种的分类识别。实验结果显示，基于深度学习的模型准确率在验证数据集中达到了 100%，在测试数据集中模型准确率达到了 94.4%[32]。

　　此外，其他学者还研究了如何应用扩增技术快速富集相关微生物，实现食品中污染物质的快速检测。例如，Du 等[33]将等温重组酶聚合酶扩增（recombinase polymerase amplification，RPA）与侧向流动（lateral flow，LF）条带相结合，以快速可靠地检测单核细胞增生李斯特菌，该测定可用于在 15 min 内检测单核细胞增生李斯特菌。对食品样品方法的评估表明，浓缩 6 h 后，25 g/mL 样品中原始细菌含量的检测限（limit of detection，LOD）显著提高至 $1.5 \times 10^{\circ}$ CFU（colony forming units，菌落形成单位），因此 RPA-LF 可用作单核细胞增生李斯特菌的灵敏快速检测技术。Allgöwer 等[34]的研究表明，基于 DNA 的 LAMP 技术与横向流动试纸条（lateral flow dipstick，LFD）的联合应用（LAMP-LFD）技术是一种简单且技术含量低的大豆检测技术，其灵敏度和特异性与所研究的基于商业蛋白质的 LFD 相当，甚至更好。Baraketi 等[35]开发了一种新方法，使用基于壳聚糖（chitosan，CHI）、纤维素纳米晶体（cellulose nanocrystalline，CNC）和甘油的优化支持膜，通过间接 ELISA 法同时富集，实现特异性和快速检测大肠杆菌

O157∶H7。蜘蛛网陷阱方法（spider web trap approach，SWTA）仅在富集 4 h 后即可检测到大肠杆菌 O157∶H7，将该方法应用于食源性病原体的检测，可以最大限度地降低交叉污染的风险。Feng 等[36]报道了一种使用适体磁捕获和环介导等温扩增（aptamers magnetic capture and loop- mediated isothermal amplification，AMC-LAMP）的高效准确系统，用于灵敏检测单核细胞增生李斯特菌。AMC-LAMP 的检测限为 5 CPU/mL，总检测时间约为 3 h，该方法可用于食品样品中单核细胞增生李斯特菌的快速筛查和现场检测。

2. 国内期刊文献热点研究主题分布

通过 VOSviewer 软件的关键词共现分析功能，同样可绘制国内食药质量安全检测技术研究的关键词聚类图谱（图 1-7），该图谱包含了频次在 3 次以上的 546 个关键词。图 1-7 中的关键词被聚类为 13 个类别（主题），各类包含的前 50 位高频关键词如表 1-6 所示。其中，有 4 个类别较大：聚类 1 为食药快速检测技术研究主题，聚类 2 为电子鼻、电子舌检测技术研究主题，聚类 3 为色谱与质谱融合技术研究主题，聚类 4 为食药质量评价与控制的其他技术研究主题。

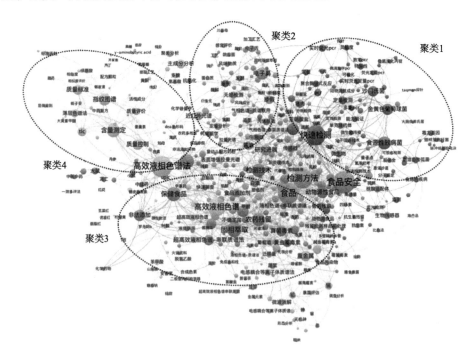

图 1-7　国内期刊文献关键词聚类图谱（2016～2021 年）

表1-6　国内期刊文献前50位高频关键词

排序	关键词	频次	聚类	排序	关键词	频次	聚类
1	高效液相色谱法	213	4	26	电子鼻	79	2
2	食品安全	229	5	27	沙门氏菌	58	1
3	食品	209	9	28	综述	49	9
4	快速检测	191	1	29	金黄色葡萄球菌	63	1
5	检测方法	190	9	30	重金属	55	10
6	高效液相色谱	167	11	31	质量控制	62	4
7	固相萃取	109	3	32	水产品	53	7
8	保健食品	98	3	33	风险评估	42	10
9	含量测定	93	4	34	PCA	44	4
10	TLC	46	4	35	防腐剂	34	12
11	农药残留	86	3	36	应用	55	9
12	非法添加	67	3	37	甜味剂	36	12
13	UPLC-MS/MS	57	3	38	镉	32	10
14	检测技术	89	8	39	残留	41	3
15	超高效液相色谱-串联质谱	69	3	40	乳制品	48	12
16	指纹图谱	76	4	41	黄曲霉毒素	40	8
17	薄层色谱法	35	4	42	高效液相色谱-串联质谱法	40	6
18	质量标准	53	4	43	兽药残留	33	3
19	食源性致病菌	84	1	44	掺假	40	7
20	中药	107	8	45	食品添加剂	41	7
21	真菌毒素	58	8	46	猪肉	36	3
22	超高效液相色谱-串联质谱法	57	3	47	高效液相色谱-串联质谱	42	3
23	研究进展	62	9	48	中成药	20	3
24	动物源性食品	67	3	49	食品检测	45	8
25	肉制品	72	1	50	近红外光谱	43	7

注：聚类 13 下无排名前 50 位的高频关键词

1）聚类 1：食药快速检测技术

该聚类研究主题下包含的关键词有"快速检测""食源性致病菌""肉制品""金黄色葡萄球菌""沙门氏菌""定量检测""实时荧光 PCR""鉴别""PCR""污染""鉴定""副溶血性弧菌""特异性""聚合酶链反应""监测""定量""多重

PCR""实时荧光定量 PCR""毒力基因""灵敏度""环介导等温扩增""荧光定量 PCR"等，重点研究不同类型食药快速检测技术的原理与成效。

目前，食品安全检测常用的方法主要包括基于气相色谱（gas chromatography，GC）、高效液相色谱、气相色谱-质谱联用（gas chromatography-mass spectrum，GC-MS）和高效液相色谱-质谱联用（HPLC-MS）等大型色谱仪器的方法。虽然这些方法分离效率高、检测性能好，但均存在分析成本高、仪器维护烦琐、分析时间长等缺点，并需要专业的技术人员进行检测，只适合大型检测机构和高校使用。为降低检测成本和缩短分析时间，大量基于近红外光谱分析仪、拉曼光谱分析仪、荧光分光光度计和紫外-可见分光光度计等光谱仪器的食品安全快速检测方法也被大量开发。虽然光谱法相对于色谱检测具有成本低、操作简单、分析时间短和样品无损失等优点，并已开发对应的便携式检测仪和检测方法，但其易出现谱峰重叠、检测特异性差等问题，且难以应用于普通家庭的食品安全快速检测。因此，"现场免仪器"快速检测技术应运而生。已成熟的"现场免仪器"快速检测有酶抑制农残检测试剂盒、化学显色重金属检测试剂盒和胶体金免疫试剂盒等产品，但都存在易受食品基质干扰、假阳性高等问题。快速检测技术是相对化学仪器分析检测技术而言的一种操作简单、快速灵敏、检测时间相对较短、对仪器设备条件要求低、易于现场实施的、符合食品安全标准的分析检测或筛查技术[37]。快速检测技术的主要目的是快速从大量危险度未知的食品样品中筛查出可疑样品，其特点是快速、灵敏、初筛。常见的快速检测技术有 ELISA、层析免疫测定以及利用生物传感器和生物芯片等的技术[38]，随着生物学、化学、物理等学科的快速发展，食药检测技术已从传统的分离培养和生化鉴定，发展到利用免疫学、分子生物学、电化学、传感器、生物芯片等的快速、高通量检测技术，尤其是近年来与纳米技术、光谱学、质谱学及代谢组学等的结合为食药快速、准确、灵敏的检测方法提供了新的发展方向[39]。

许丽梅等[40]借助 SERS，以金纳米溶胶为拉曼信号增强模块，利用自制样品前处理仪与便携式拉曼光谱检测仪，实现了对辣椒制品、腊肉、果汁、葡萄酒等食品中罗丹明 B 的快速检测，检测分析时间由常规的 40～50 min 缩短到约 10 min，大大提高了检测效率。微流控芯片具有体积小、比表面积高和设计灵活的特点，在检测中可以发挥其方便携带、试剂节约和高通量等优点，而核酸扩增技术与微流控芯片结合为简便高效地检测食物病原微生物提供了新方法[41]。量子点可视化传感器检测技术被应用于检测食品中农兽药、重金属等有害物和食品非法添加物[42]。孙晶等[43]采用电喷雾电离-离子迁移谱（electrospray ionization-ion mobility spectrometry，ESI-IMS）技术，建立了现场快速检测减肥类保健食品中 22 种非法添加的化学药品的方法，该方法专属性良好，22 种减肥类标准品迁移时间为 8.0～16.3 ms，在基质样品中检出限为 0.05～8.0 mg/L。辛亮等[44]应用 LAMP 技术建立基于颜色判定的快速、灵敏的金黄色葡萄球菌检测方法，并且在可视化 LAMP 体系中添加两条环引物可将反应时间缩短至 20 min，为金黄色葡萄球菌的快速检测提供了一种方法。樊子便等[45]建立了基于凝胶渗透色谱-气相色谱-质谱快速检测乳制品中 5 类致香成分的方法，检测结果回收率高，准确性、精密度良好，可用于乳制品中致香成分分析与香精香料检测。陈蓉等[46]建立了虎掌南星的超快速实时荧光聚合酶链反应（polymerase chain reaction，PCR）扩增体系，可以在 24 min 内完成对虎掌南星特异性 DNA 的闭管快速扩增检测，检测限低至 pg 级 DNA。李杰等[47]建立了巴沙鱼源性成分的实时荧光聚合酶链反应快速检测手段，该方法检测特异性高、时间短、灵敏度高，可满足鱼肉制品中巴沙鱼掺假的检测要求。王立娟等[48]建立一种实时荧光跨越式滚环等温扩增（real-time fluorescence saltatory rolling circle amplification，RFSRCA）技术快速检测志贺氏菌，这种方法可用于分析 32 种不同菌株的特异性。李桂金等[49]以传统国标培养法作为参比方法，评价了实时荧光核酸恒温扩增检测（simultaneous amplification and testing，SAT）方法检测食品中金黄色葡萄球菌的能力。结果显示，SAT 检测方法灵敏度高、特异性好，假阳性率、假阴性率、准确度等检测结果全部达标，且检测时间短，适用于食品中金黄色葡萄球菌的快速检测。

2）聚类 2：电子鼻、电子舌检测技术

该聚类研究主题下包含的关键词有"电子鼻""酱油""亚硝酸盐""生物胺""饮料""丙烯酰胺""气相色谱-质谱""电子舌""邻苯二甲酸酯""气相色谱-质谱联用""发酵""挥发性成分""乳酸菌""食用油""优化""固相微萃取""挥发性风味物质""风味物质"等，重点研究如何利用电子鼻/电子舌技术进行食品、药材气味或风味及成分的判别。

电子鼻利用特定的传感器和模式识别系统能快速测出样品的整体气味、口味信息，它通常结合主成分分析（principal component analysis，PCA）、线性判别或传感器载荷分析共同完成对气味、口味的检测[50]，能较好地区分食品的品种和产地，预测食品的储藏条件和储藏时间，评价食品的品质优劣。目前电子鼻已在肉制品[51]、酒类[52]、水产[53]、蔬果[54]、粮食[55]、调味品[56]等领域得到广泛应用。刘建林等[57]将气相色谱-质谱联用技术与电子鼻/电子舌进行结合，区分了 4 组发酵羊肉干并找出主要风味贡献物质，为不同发酵产品的风味区分提供了基础数据。岳玲等[58]利用电子鼻检测技术，研究农产品经不同方式辐照后特征风味的变化。他们采用电子束和～（60）Co γ-射线对红枣、核桃与可可粉进行辐照处理，应用电子鼻对辐照后的样品气味进行检测，通过传感器响应值和 PCA 探索农产品特征气味的变化规律。张思聪等[59]基于电子鼻技术对九香虫生品和炮制品药材的"气"特征进行分析与表征，为九香虫生品和炮制品的质量控制提供了实验依据。

许多学者将电子鼻/电子舌技术与色谱、质谱技术进行结合，区分了食品的风味品质，通过 PCA 得到的电子鼻主成分累计贡献率能够达到 96% 以上。宋丽等[60]采用电子鼻、电子舌和气相色谱-质谱联用技术对山楂风味品质进行分析评价，结果显示，4 种山楂核烟熏液区别于 5 种红箭烟熏液，且在风味上具有相似性。邝格灵等[61]采用电子鼻与气相色谱-质谱联用方法，并结合 PCA 和载荷分析量化了主成分贡献率和样品间风味的区分度。结果显示电子鼻能够很好地区分 3 种不同陈酿期香醋的风味，电子鼻传感器 W2S、W5S 对恒顺香醋香气的区分能力最强，通过电子鼻技术和气相色谱-质谱联用技术相结合的手段，可以较好地区分不同陈酿期的恒顺香醋。王雪梅等[62]采用固相微萃取-气相色谱-质谱联用技术结合电子鼻对豆瓣挥发性风味成分进行比较。电子鼻结果采用 PCA 和线性判别分析（linear discriminant analysis，LDA）法进行处理，发现主成分 PC1 和 PC2 的累计贡献率分别达到 99.81%、99.35%，说明传感器识别度高、样品间区分度好。杨芳等[63]采用电子鼻和气相色谱-离子迁移谱（gas chromatography-ion mobility spectrometry，GC-IMS）联用技术，对比分析了美人椒酱的挥发性有机物（volatile organic compound，VOC）的风味成分，结果表明：电子鼻主成分 PC1 和 PC2 累计贡献率为 97.068%，说明电子鼻所提取的主成分信息能够反映样品的主要特征信息。彭旭怡等[64]使用电子鼻、顶空气相色谱-离子迁移谱分析比较了 4 组样品的挥发性成分。电子鼻检测结果显示，各样品间的区分度较好，挥发性成分的差异主要源于氮氧化合物、醇和醛酮、甲基类、硫化物。陈小爱等[65]利用电子鼻、气相色谱-质谱联用和气相离子迁移谱技术分析老香黄发酵期间的挥发性成分变化。结果显示，电子鼻 PCA 有效区分了不同发酵时间的样品，老香黄发酵 6 个月后挥发性组分开始发生较大变化。

周容等[66]采用电子鼻技术分析不同年份兼香型白酒中的香气物质，通过特征响应分析、PCA、LDA 和方差分析（analysis of variance，ANOVA），优化出了可以区分识别年份酒的操作条件，电子鼻技术对兼香型各年份酒具有良好的区分效果。赵慧君等[67]采用电子鼻技术对两种大头菜中的挥发性物质进行了识别，并对数据进行了 PCA，结果显示，气相色谱-质谱联用技术检测结果与电子鼻的结果吻合。易宇文等[68]为比较电子鼻、电子舌及其信号联用技术在酱油风味评价中的效果，分别利用电子鼻、电子舌及其融合合并的检测信号，结合主成分、判别指数、质量控制模型和马氏距离等数学方法综合评价了 8 种不同产地酱油风味，电子鼻/电子舌检测信号联用能从气味和滋味两个角度综合评价酱油，且分辨能力强，是智能感官评价食品风味的新趋势。马琦等[69]利用电子鼻和顶空固相微萃取结合气相色谱-质谱联用技术对不同条件下制得的杏鲍菇干燥样品进行挥发性成分分析，结果表明，LDA 能够很好地区分不同干燥方式的杏鲍菇样品。郑舒文和陈卫华[70]对不同储藏时间鳕鱼的气味与浸出液的滋味分别进行电子鼻和电子舌的分析,并通过对数据进行 PCA、判别因子分析(discriminant factor analysis,DFA)和负荷加载分析,建立了一种基于电子鼻、电子舌技术判别鳕鱼新鲜度的方法,结果表明:随着储藏时间的延长,鳕鱼鱼肉的气味、滋味变化能被电子鼻、电子舌区分出来,且电子舌的 DFA 三维图谱的区分度更高。

电化学生物传感器的发展主要呈现出以下趋势[71]:一是构建便携式、低成本与集成化的高通量电化学生物传感器,以实现现场快速实时检测;二是电化学生物传感技术与其他技术充分结合,将该技术直接应用于临床生物样本或活体分析中。电子鼻系统的核心元件传感器阵列具有非特异性、低选择性以及交互敏感性等优点,结合后期的多元统计分析方法做最终的结果判定,反映的是样品的整体质量特征,极其适用于快速、实时的检测[72],但当前相关研究仍然存在一些问题:①多数电子鼻系统的传感器敏感性过高,应设计出专业、针对性强的电子鼻系统(如烟草专用、肉制品专用、饮料茶水专用、水产专用、酒类专用电子鼻等)可有效增强其检测能力。②检测操作的规范性有待加强,应规范样品的前处理手段和测定环境,避免样品检测前或测定过程中感染其他有害物质而被误判。③采样方法粗放,后续数据处理分析方法有待改进,误差较大,应尽快设计各种样品的配套采样装置和方法,改进现有模式识别手段,缩小与仿生特性的差距,减少误差。④配套使用的传感器寿命有限,稳定性有待提高,易受外界温湿度、电磁干扰等的影响。因此,寻找到性能更好、更稳定的传感器势在必行。另外,还应对传感器周围的温湿度进行严格控制,或者在检测中进行温湿度补偿。⑤风味物质成分复杂,含量较低,分子结构多样且易变,这就要求尽快完善可参考图谱库,及时更新新物质、新结构的信息,将电子鼻与色谱技术的联合优势发挥到极致。

3)聚类 3:色谱与质谱融合技术

该聚类研究主题下包含的关键词有"固相萃取""保健食品""农药残留""超高效液相色谱串联质谱""动物源性食品""非法添加""UPLC-MS/MS""高效液相色谱-串联质谱""残留""猪肉""兽药残留""动物性食品""液相色谱-串联质谱""动物源食品""鸡肉""氯霉素""中成药""液相色谱""高分辨质谱""中药材""残留检测""基质效应""快速筛查"等,重点研究如何通过联用色谱和质谱两种技术提升食药检测的效率。

色谱-质谱联用法可充分发挥色谱的高效分离性能和质谱的高灵敏度优势,通过色谱的时间分离与质谱的空间分离的有机结合[73],从而实现对食品中特征标志物的分析和检测,进而实现对不同食品的产地进行溯源。基于色谱-质谱联用法的适用性,常见的特征标志物包括黄酮类、多酚类、氨基酸、挥发物、脂质等小分子等,通过对不同地理来源食品中不同物质的含量进行测定,进而发现可以实现溯源分析的特征标志物是常见的研究思路。高效液相色谱-质谱是以高效液相色谱为分离手段,以质谱为鉴定工具的一种分离分析技术[74]。因其具有适用范围广、灵敏度高、定性定量能力强等诸多优点，在食品溯源分析领域中被广泛使用，尤其适用于食品中特征小分子化合物的分析和检测，如多酚类和黄酮类物质等。但目前食品中一些特征化合物尚无商用标品，导致在对一些特征标志物的定性和定量分析方面缺乏依据。同时，该技术不适用于对一些生物大分子标志物如蛋白质、淀粉等进行检测。除高效液相色谱-质谱外，其他色谱-质谱联用技术的相关技术还有气相色谱-质谱、液相色谱-飞行时间质谱、实时直接分析质谱、基质辅助激光解吸电离-飞行时间质谱等[75]。

目前针对食品中的农药残留分类检测方法有酶联免疫法、高效液相色谱和液相色谱-串联质谱法[76-77]。酶联免疫法易产生假阳性或者假阴性结果，一般用于常规大批量快速筛查，而高效液相色谱检测稳定性较好，但样品处理前要经过提取、氮吹、浓缩等步骤，较为烦琐和耗时。高敏和孔兰芬[78]建立了一种快速、高效的应用固相萃取-高效液相色谱-串联质谱同时检测鸡蛋及其制品中 8 种兽药的分析方法，这种方法具有前处理简单、灵敏度高和检测速度快的优点。李莉和李硕[79]建立了一种应用超高效液相色谱-串联质谱同时检测特殊医学用途配方食品中 8 种真菌毒素的方法，该方法简便、高效，可用于特殊医学用途配方食品中多种真菌毒素的同时快速筛查。刘瑜等[80]建立了一种应用超高效液相色谱-四极杆串联离子阱复合质谱检测肉制品中 7 种工业染料的方法，该方法可同时实现化合物的准确定性、定量分析及可疑峰筛查、确证。徐媛原等[81]建立了一种 QuEChERS-超高效液相色谱-串联质谱来测定水产品中 50 种兽药残留的方法。陈卓等[82]建立了一种应用超高效液相色谱-串联质谱同时测定小麦粉中 4 种禁用成分的方法。林守二等[83]提出了一种应用超高效液相色谱-串联质谱快速测定豆芽中 12 种植物生长调节剂的方法，按此方法分析了 32 份豆芽样品，检出率为 31.25%。谢慧英等[84]建立了一种应用超高效液相色谱-串联质谱同时测定婴幼儿谷类辅助食品中 15 种真菌毒素和 6 种农药残留的方法。闫志光和田部男[85]建立了一种快速、高效的应用 QuEChERS-高效液相色谱串联质谱测定谷物源性运动食品中的杂色曲霉毒素和黄曲霉毒素的方法，这种方法具有前处理方法简单、净化效果好、灵敏度高的优点。

目前的食品成分测定方法主要有薄层色谱法（thin layer chromatography，TLC）、高效液相色谱法、高效液相色谱-串联质谱法等[86, 87]。TLC 法具有操作简便、成本低廉等优点，但重复性差，往往作为定性筛查方法；高效液相色谱法具有灵敏度高、重现性好、普及性广等优点，但对复杂基质样品存在杂峰干扰等问题；高效液相色谱-串联质谱法具有分辨率高的优点，采用同位素内标法可准确定量成分，可作为定性定量检测食品中杂色曲霉毒素的确证方法。QuEChERS 前处理净化技术可以避免一般前处理耗材成本较高的问题，依据质谱检测器具有特异选择性以及高灵敏度的特性，可以提高方法的检出限和定量限。QuEChERS 方法具有快速、简单、便宜、有效、安全等优点，该方法包括乙腈萃取、液-液分离、分散固相萃取等，目前已经被广泛应用于农药残留检测。韩梅等[88]以 QuEChERS 为前处理方法，采用超高效液相色谱-四极杆/静电场轨道阱高分辨质谱技术建立了一种快速筛查蔬菜中 61 种农药残留的测定方法。姚蕴恒等[89]运用 QuEChERS 前处理方法，结合气相色谱-串联质谱建立了测定人参中 41 种农药残留的分析方法。刘士领等[90]将 QuEChERS 作为前处理方法的方法，建立了一种采用超高效液相色谱-串联质谱测定常见水果中氟唑菌酰羟胺残留量的分析方法，该方法的准确度、精密度均符合农药残留分析要求，线性关系良好，前处理过程简单，结果重现性好。

4）聚类 4：食药质量评价与控制的其他技术

该聚类研究主题下包含的关键词有"高效液相色谱法""含量测定""指纹图谱""质量控制""质量标准""TLC""PCA""薄层色谱法""质量评价""聚类分析""含量""多糖""正交试验""氨基酸""绿原酸""活性成分""中药复方""标准汤剂""配方颗粒""黄芩苷""黄酮""提取工艺""肝毒性""色素""金银花""特征图谱""相似度"，主要研究如何基于食品与药材的图谱数据进行 PCA、聚类分析和机器学习预测等数据分析，以实现对食药质量的评价与控制。

指纹图谱技术可为食品溯源提供一种高效、经济的分析手段，主要有红外光谱、紫外光谱、拉曼光谱、荧光光谱和核磁共振波谱，通过这些分析手段可得到能够标示某些复杂食药中化学特征的图谱。质控标志物是与食药功能息息相关的有效成分或特征性成分，这些成分存在于食药中或形成于食药加工过程中，能够反映食品或中药材的真实性、有效性和安全性。利用气相色谱-质谱联用筛选食药的质控标志物，并结合这些主要成分的保留时间、质谱信息和含量构建食药的特征指纹图谱，能够有效控制食药质量。指纹图谱技术已被运用到食药成分含量测定、食药年份及产地信息溯源、食药真实性检测、食药中有害物检测等领域。

由于传统的中药品种鉴别主要依靠鉴别师的工作经验积累及药材鉴别知识的储备，鉴别者需具备专业的知识和丰富的实践经验，且受主观判断影响较大，因此鉴别难度大，准确率不高。随着分析手段的不断提高，TLC、高效液相色谱、气相色谱、紫外光谱、红外光谱及 DNA 分子生物学等识别方法开始应用于中药鉴定，并衍生出能够表征化学特征的中药指纹图谱，以及体现遗传差异的 DNA 条形码等技术，促进了中药鉴定的发展，但中药的化学成分检测的准确率有待进一步提高。何巧玉等[91]建立了 10 批黄柏药材指纹图谱，并指认其中 8 个共有成分，利用网络药理学进行初步预测，同时建立指纹图谱结合数理统计的黄柏药材质量控制方法，为黄柏药材的质量标志物（quality marker，Q-marker）的研究提供参考。李学学等[92]建立了一种基于高效液相色谱-四极杆/静电场轨道阱高分辨质谱法初步筛选彝药材西南委陵菜（*Potentilla fulgens*）质量标志物，以及指纹图谱结合多元统计分析综合评价其药材质量的研究方法。张好等[93]通过高效液相色谱测定了山西产柴胡药材中柴胡皂苷 A、柴胡皂苷 D 的含量，建立了柴胡药材的高效液相色谱指纹图谱，分析了不同基源柴胡药材的质量差异。孙冬梅等[94]建立了 3 种基原大黄（掌叶大黄、药用大黄、唐古特大黄）指纹图谱和多成分含量测定方法，运用该方法测定了 51 批大黄指纹图谱及其中的 14 个化学成分含量，并通过指纹图谱相似度分析、聚类分析、PCA 和偏最小二乘法–判别分析对不同基原大黄药材进行了全面质量评价。李慧等[95]采用高效液相谱法测定和比较了 10 批茜草指纹图谱，发现它们与对照指纹图谱之间相似度均大于 0.90，认为指纹图谱较全面、直观地反映了茜草整体化学成分信息，如果将其与多元统计分析结合，可为茜草药材的质量评价提供参考。

近年来机器学习方法也被大量运用于食药检测。其中，人工神经网络（artificial neural network，ANN）技术作为预测复杂系统输出响应的方法，对于不能用数学模型、规则或公式描述的原始数据系统和问题非常适用[96]。人工神经网络在食品发酵、图像分析、感官评定、气味分析、含水率测定、食品无损检测、食品加工过程中的仿真和控制等方面具有显著的优势。反向传播（back propagation，BP）神经网络的部分数据受实验操作者的主观因素的影响，容易出现过度拟合的现象，使其在未来发展中面临更多的挑战。近年来神经网络与遗传算法、模糊系统、进化机制相结合形成人工智能，在不久的将来，神经网络技术在食药检测领域的应用中会越来越成熟和完善。

邱丽媛等[97]采集醋香附的近红外光谱（near infrared spectrum，NIRS）信息，并建立 39 批醋香附挥发油气相色谱–质谱联用指纹图谱，对挥发油中的 α-香附酮、香附烯酮进行定量测定，采用相似度分析、多元统计分析、PCA、聚类分析、偏最小二乘–判别分析、Logistic 回归分析等方法进行处理数据，并利用遗传神经网络算法建立了等级预测模型和含量预测模型。结果显示，预测模型预测准确率达 89.74%，针对 α-香附酮、香附烯酮的模型预测集决定系数分别为 0.9923、0.9697，可快速准确地预测醋香附饮片等级。陈卫等[98]共收集 4 种半夏炮制品，利用高效液相色谱采集信息并且统计 10 个成分的绝对峰面积，进行相似度分析、PCA、二维聚类分析和自组织映射人工神经网络分析，结果显示，所采用的几种化学计量学方法均能将 4 种半夏炮制品进行有效区分。周炳文等[99]建立了一种基于中药多元多息指纹图谱联合人工智能识别的中药一法通识品种鉴定新方法，对采集的多元多息指纹图谱进行数据标准化处理，再采用 CNN 识别不同品种中药材，获得了准确率达 92%的识别模型，可快速、准确、高效地鉴定中药品种。马雯芳等[100]建立了滇桂艾纳香高效液相色谱指纹图谱，利用 B 人工神经网络技术，将化学信息与药效指标数据相关联，建立了谱效关系数学模型，运用神经网络模型预测综合药效值，相对误差的绝对值均小于或等于 13.60%，大部分数值的相对误差小于 6.7%，模型预测具有较高的精度，性能良好。蓝振威等[101]通过电子鼻获取了莪术及其醋制品的数字化气味信号，并应用 BP 神经网络算法分析数据，同时以精确度、敏感性和特异性位指标评估判别模型，并且以相关系数和均方误差评估回归模型，通过 BP 神经网络算法建立的电子鼻信号判别模型在训练集、校正集和预测集中的 3 个指标均为 100%，回归模型预测集相关系数和均方误差分别为 0.9748 和 0.1175。这种电子鼻气味指纹图谱结合 BP 神经网络算法的方法，快速、便捷、准确地实现了判别和回归。徐东等[102]将机器学习方法引入电子鼻系统，建立了一种准确、快捷的中草药智能鉴别方法，结果显示，基于电子鼻建立中药气味特征指纹图谱，在传感器数量从 12 个缩减为 5 个的情况下，所建立的分类器仍保持原有识别率（100%），此方案简便、准确，并实现了中草药电子鼻智能鉴别系统的建立，可望为中药智能鉴别提供一种快速、可靠而有效的分析方法。

3. 研究结论

运用可视化的文献计量分析软件 VOSviewer 和隐含狄利克雷分布主题建模方法，我们分别对 Web of Science 数据库核心合集、中国知网收录的食药质量安全检测技术领域研究文献进行了分析，绘制了该研究领域的国内外文献的知识图谱，包括高发文国家/地区合作、高影响力的机构合作、作者合作、关键词聚类以及发展趋势与热点等图谱。通过研究我们发现以下重要结论。

在文献发表增长趋势方面，中国在国际食药质量安全检测技术领域高质量期刊的发文量已居于首位，且保持稳定、快速的增长趋势。在该研究领域国外期刊发文量排名前 10 位的机构中，中国研究机构占据 9 个位置，但国内该研究领域高产作者与国外的阿德莱德大学高产作者在发文量上仍然有比较大的差距，且影响力也比较欠缺。在国内期刊，该研究领域的发文量近年来呈现出快速增长的趋势，高产作者有王硕、王会霞、张峰、江丰、杨美华、马双成等。在研究合作方面，国际食药质量安全检测技术研究领域的学者主要以中国学者为主，学者之间有一定的跨机构、跨国家/地区合作。在国内该研究领域，国内合作更多集中在机构内部，机构之间的合作较少。在国内作者合作中，形成了河北省食品检验研究院、仲恺农业工程学院、中国医学科学院北京协和医学院、中国肉类食品综合研究中心、中国食品药品检定研究院、中国检验检疫科学研究院等研究群体。

在文献研究热点方面，国际食药质量安全检测技术研究聚焦于基因技术在食药检测中的应用、新型材料在食药检测中的应用、传统检测方法的创新与应用、食药快速检测方法等研究主题，主要研究通过基因的鉴定、标记与表达实现对食品与药材品种的认证以及食品成分与污染物质的提取与识别，碳纳米材料等新型材料在食药检测中的应用，通过新型材料的应用和传统检测方法、装置的改进实现检测方法的创新，以及微流控芯片技术、电化学免疫传感技术、光谱与机器学习的融合技术及量子点技术等食药快速检测方法。国内该领域研究则更加聚焦于食药快速检测技术、电子鼻/电子舌检测技术、色谱与质谱融合技术、食药质量评价与控制的其他技术，主要研究不同类型食药快速检测技术的原理与成效，利用电子鼻/电子舌技术进行食品、药材气味或风味及成分的判别，通过联用色谱和质谱两种技术提升食药检测的效率，以及基于食品与药材的图谱数据进行 PCA、聚类分析和机器学习预测等数据分析，以实现对食药质量的评价与控制。从研究趋势来看，国际食药质量安全检测技术研究领域对基因技术、新型材料及电化学和量子点等技术与材料在食药检测中的应用研究仍然是其研究的主要方向和趋势；国内该研究领域则更加关注食药快速检测技术的研究，注重利用方法融合、检测方法创新与设备改进提升食药检测效率，尤其关注结合大数据、机器学习等技术手段实现更加快速、准确与高效的检测。

1.2 基于专利分析的食药质量安全检测技术研究

1.2.1 技术发展态势

专利申请趋势被认为是技术研发态势的重要参考指标[103]。图 1-8 揭示了主要国家/组织食药质量安全检测技术领域专利申请数量随时间变化的情况。截至 2021 年 8 月 28 日，从世界知识产权组织的 PATENTSCOPE 数据库共检索到与该领域相关的专利 44 993 项，其中在 2016 年至 2021 年 8 月 28 日期间申请的专利有 19 694 项，这近 6 年的专利数量占所有年份专利总数的比重为 43.77%。从这近 6 年主要国家/组织的专利数量年度变化趋势来看，中国该技术领域的专利数量远超过世界其他国家/地区，说明中国近年来加大了对食药质量安全检测技术的研发。

2016 年至 2021 年 8 月 28 日，总共有 34 个国家/组织申请了关于食药质量安全检测技术领域的专利，其中专利数量排名前 10 位的国家/组织为：中国、美国、世界知识产权组织、韩国、日本、欧盟、印度、澳大利亚、俄罗斯、加拿大。

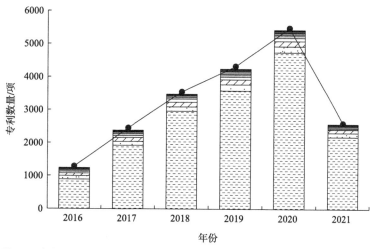

图 1-8　主要国家/组织的专利数量年度变化趋势

其中，中国以 16 288 项专利遥遥领先于世界其他国家/组织，占专利总量的比重达到了 82.71%。从这近 6 年各个国家/组织申请专利数量年度占比的变化趋势来看（图 1-9），世界各国/组织专利数量增长均呈现出上升趋势，且中国该领域的专利数量近两年的占比更高，说明增长仍然要快于其他国家。

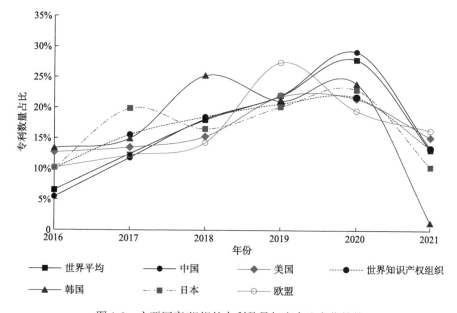

图 1-9　主要国家/组织的专利数量年度占比变化趋势

1.2.2　主要原创技术国家/组织及专利权人分布

专利优先权是指申请人在一个国家第一次提出申请后,可以在专利法规定的期限内就同一主题向其他国家申请保护,这一申请在某些权利保护方面被视为是在第一次申请的申请日提出的[104]。表 1-7 统计了 2016～2021 年全球食药质量安全检测技术专利申请量排名前 10 位的机构概况,通过该表可了解该技术领域的活跃研发机构,据此分析该领域相关技术的集中与垄断程度。从该技术领域专利申请量排名前 10 位的机构类型来看(图 1-10),只有 3 所机构为大学,即江南大学、江苏大学和中国农业大学,其他均为厨房器具或电器制造企业,如九阳、美的、苏泊尔等总公司或它们的旗下各公司。从机构的国别来看,该技术领域专利申请量排名前 10 位的机构均为中国机构,这说明中国在食药质量安全检测技术领域拥有十分强大的研发能力,但这些机构所申请的专利大部分都是在中国本土申请的专利,很少在世界知识产权组织、美国、澳大利亚等其他国家/组织中申请专利,说明该领域的中国研发机构仍然缺乏海外专利布局的战略意识。

表1-7　专利申请量排名前10位的机构概况

排名	专利权人	专利数/项	国家/地区	部分 IPC 分类的专利数
1	江南大学	204	中国(182 项);世界知识产权组织(12 项);美国(10 项)	C12N 5/20(70 项);G01N 21/65(13 项);G01N 30/02(9 项);C12N 15/115(8 项);G01N 30/90(8 项)
2	九阳公司	199	中国(199 项)	A47J 43/046(39 项);A47J 43/07(33 项);A47J 43/04(22 项);A47J 43/044(13 项);A47J 27/00(12 项)
3	佛山市顺德区美的电热器具制造有限公司	135	中国(134 项);世界知识产权组织(1 项)	A47J 27/00(41 项);G05B 19/042(9 项);A47J 27/08(9 项);A47J 43/07(8 项)
4	浙江绍兴苏泊尔家用电器有限公司	124	中国(123 项);世界知识产权组织(1 项)	A47J 43/046(36 项);A47J 43/07(16 项);A47J 27/00(8 项)

续表

排名	专利权人	专利数/项	国家/地区	部分 IPC 分类的专利数
5	贝森（江苏）食品安全科技有限公司	112	中国（112 项）	G01N 33/02（15 项）； G01N 21/78（11 项）； G01N 1/28（10 项）
6	江苏大学	109	中国（106 项）； 世界知识产权 组织（2 项）； 美国（1 项）	G01N 21/65（18 项）； G01N 21/64（13 项）； G01N 21/78（8 项）
7	广东美的厨房电器制造有限公司	102	中国（90 项）； 世界知识产权 组织（8 项）； 美国（3 项）； 澳大利亚（1 项）	F24C 7/02（13 项）； F24C 7/08（10 项）； A47J 27/00（9 项）； A47J 27/04（8 项）
8	珠海格力电器股份有限公司	100	中国（100 项）	G06K 9/00（11 项）； A47J 27/00（10 项）； F25D 29/00（9 项）
9	中国农业大学	75	中国（70 项）； 世界知识产权组 织（2 项）； 澳大利亚（1 项）； 加拿大（1 项）； 美国（1 项）	C12Q 1/6888（17 项）； C12N 15/11（9 项）； G01N 21/78（6 项）
10	广东美的家用电器制造有限公司	67	中国（67 项）	A47J 43/046（19 项）； A47J 43/07（15 项）； A47J 27/00（5 项）

注：表中括号内的数字为专利数量

为了能够更好地体现机构的重点和核心技术，对专利的国际专利分类（international patent classification，IPC）号进行统计，《国际专利分类表》是目前唯一国际通用的专利文献分类和检索工具。从专利申请量排名前 10 位的机构所申请专利的 IPC 类别分布来看，关于 A47 类"厨房用具；咖啡磨；香料磨；饮料制备装置"的检测技术（A47J 43/046、A47J 43/07、A47J 27/00 等）的研究最多；关于以 B 淋巴细胞作为融合对象之一的"微生物或酶；其组合物"的测定方法（C12N 5/20）次之；关于"借助于测定材料的化学或物理性质来测试或分析材料"的检测技术（G01N 21/65、G01N 21/78）再次之。此外，关于"数据识别；数据表示；记录载体；记录载体的处理"（G06K 9/00）方面技术的研究也比较多，近年来运用大

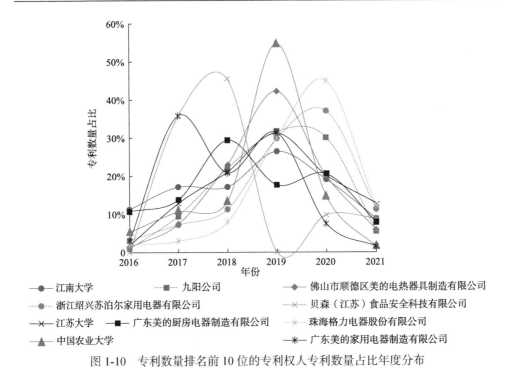

图 1-10　专利数量排名前 10 位的专利权人专利数量占比年度分布

数据技术对食品检测数据进行处理与分析的专利较多，说明大数据技术与食品检测技术的融合趋势显现。大学和企业关注的技术领域存在比较显著的差异，以江南大学、江苏大学和中国农业大学为代表的大学更加关注"微生物或酶；其组合物"和"包含酶或微生物的测定或检验方法"（C12N 15/11、C12N 15/115、C12N 5/20、C12Q 1/6888）、"借助于测定材料的化学或物理性质来测试或分析材料"的相关技术（G01N 21/64、G01N 21/65、G01N 21/78、G01N 30/02、G01N 30/90），企业则更加关注"厨房用具；咖啡磨；香料磨；饮料制备装置"（A47J 27/00、A47J 27/04、A47J 27/08、A47J 43/04、A47J 43/044、A47J 43/046、A47J 43/07）、"其他家用炉或灶；一般用途家用炉或灶的零部件"（F24C 7/02、F24C 7/08）、"冷柜；冷藏室；冰箱；其他小类不包含的冷却或冷冻装置"（F25D 29/00）、"一般的控制或调节系统；这种系统的功能单元；用于这种系统或单元的监视或测试装置"（G05B 19/042）、"数据识别；数据表示；记录载体；记录载体的处理"（G06K 9/00）方面的技术。

1.2.3　基于 IPC 分类的技术分布

通过分析技术领域分布可以得出各国家/组织在该技术领域的技术活动和战

略布局。为此，对食品安全快速检测技术领域专利申请排名靠前的国家/组织基于 IPC 分类号的技术分布比例进行统计，结果如图 1-11 所示。各个国家主要技术领域集中在 G01N、G06Q、C12Q 和 F25D 等类目，但是又各有技术侧重的领域。美国、欧盟对各个技术领域都较为关注，技术分布比较平均。中国在 G01N、F25D 大类的专利比例较高，即在化学或物理检测分析和冷冻储藏装置方面的研究较多；美国、欧盟等西方国家/组织在 G06Q 和 C12Q 大类的专利比例更高，即在数据处理系统或方法和酶或微生物的测定或检验方法方面的研究较多。

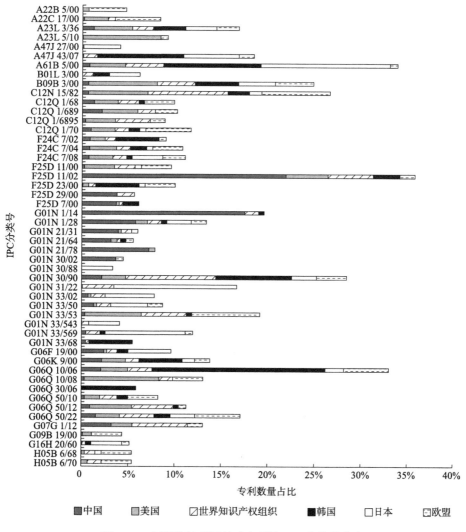

图 1-11　主要国家/组织技术专利的 IPC 分类号分布

为了观察中国重点关注的技术领域研究随时间的发展趋势，本节统计了中国

有优先权的 16 288 项专利主要的 IPC 分类号随时间的变化趋势，结果如图 1-12
所示。中国 G01N 1、G01N 21、G01N 30 和 G01N 33 类专利占有很高的技术分布
比例，即在利用光学手段进行食品安全快速检测方面的专利较多，这方面专利中，
柱色谱法、荧光和磷光及平面色谱法是食品安全快速检测中最常用的经典方法。
在这些专利技术中，2016～2020 年 G01N 33/02、G01N 30/02、G01N 21/78、G01N
30/88、G01N 1/14 的专利数量增长尤为明显。

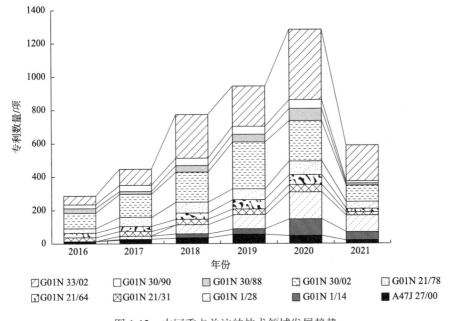

图 1-12　中国重点关注的技术领域发展趋势

1.2.4　专利技术的热点领域分布

文本挖掘方法被运用到专利主题分析技术领域。本节通过对专利的题名、摘
要文本进行数据清洗、分词、去除停用词和向量化等操作，再运用隐含狄利克雷
分布主题模型训练不同学科的主题模型，提取了 20 个主题，据此可对专利进行主
题分类。根据各个主题包含的词汇及专利，可以大致确定各主题所对应的专利技
术领域。

主题 0：食品微生物检测技术，主要通过聚合酶链反应、DNA 检测及基因测
序等方法检测食品中的致病细菌。

主题 1：食品营养物质与活性成分检测技术，主要识别鱼、大豆等食品中的
营养物质（如蛋白质）和化合物。

主题 2：食药检测中的采样技术，主要研究食药检测中的采样设备（如管道、圆筒、容量瓶、试管、取样器、活塞等）。

主题 3：食药检测装置与设备，主要研究探测和披露食品状况的相关设备，如探测器、面板、屏幕、切片、控制板等。

主题 4：食药鉴别与加工技术，主要研究食药的成分识别、加工、贮存等相关技术。

主题 5：食药检测中的测试技术，主要研究食药检测中的试纸、试管、试剂等相关测试设备与技术。

主题 6：食药检测数据的管理与挖掘技术，主要研究对食药检测数据进行管理的终端、服务器及平台等硬件设备及数据的安全、贮存、分析、利用及服务等。

主题 7：食药检测中的传感技术，主要研究利用传感器、探测器进行食药检测数据的采集与加工。

主题 8：食药成分的萃取技术，主要研究提取食药成分的相关技术与方法（如成分的分离、纯化、过滤等）及关键材料（如纳米材料等）。

主题 9：食药贮存安全技术与设备，主要研究对食药进行贮存、隐蔽、消毒、密封及安全保存的相关技术。

主题 10：食药生产与运输安全技术，主要研究如何实现食药产品及原材生产、包装和运输的高效与安全。

主题 11：食品加工技术与设备，主要研究食品加工过程中的烘干、冷冻及加热等技术。

主题 12：食品检测分析仪器及技术，主要研究食品检测中的光谱法、色谱法及质谱法的应用与设备。

主题 13：药材鉴别技术，主要研究中药及药材成分、药效、品种的鉴别技术。

主题 14：食药产品质量安全检测技术，主要研究肉类、奶制品及果蔬与药品等食药产品质量安全信息披露及残留物检测等相关技术。

主题 15：食物烹饪过程中的检测技术，主要研究食物烹饪传感器设备及其控制与检测，如温度与湿度控制。

主题 16：食物加工和检测中的控制与处理技术，主要研究对食物加工与检测过程中的电路、信号等进行控制的传感器、控制器和处理器等设备与技术。

主题 17：食药检测的电化学技术，主要研究对食药进行检测的荧光、磁性、拉曼及纳米等电化学技术与设备。

主题 18：食药快速检测装置与技术，主要研究对食药的成分、添加剂或药物残留进行快速抽样检测的装置与技术。

主题 19：食药检测预处理装置与技术，主要研究对食药检测样品进行提取分离、过滤、粉碎、搅拌、夹持等预处理操作的装置与技术。

图 1-13 显示了各个技术领域专利数量占比的排名。可以看出，主题 18 食药快速检测装置与技术的专利占比远远领先于其他技术领域，专利数量占比达到了10.72%，主题 12、主题 4、主题 3、主题 9、主题 13、主题 6 所对应的食品检测分析仪器及技术、食药鉴别与加工技术、食药检测装置与设备、食药贮存安全技术与设备、药材鉴别技术、食药检测数据的管理与挖掘技术的专利数量占比均在6.1%以上，主题 0、主题 16、主题 17、主题 19 所对应的食品微生物检测技术、食物加工和检测中的控制与处理技术、食药检测的电化学技术、食药检测预处理装置与技术的专利数量占比则在 5%左右，而食物烹饪过程中的检测技术（主题15）、食药生产与运输安全技术（主题 10）等领域技术的专利数量占比则在 4%左右，食药成分的萃取技术、食药检测中的传感技术、食药检测中的采样技术、食药检测中的测试技术（如主题 8、主题 7、主题 2、主题 5 等）的专利数量占比则在 3%左右，主题 11 和主题 14 所对应的食品加工技术与设备和食药产品质量安全检测技术专利数量占比则最低，均在 2%以下。显然，食药检测涉及的操作装置与技术是最热门的技术领域，而分析仪器、鉴别与加工、装置与设备、贮存安全、药材鉴别及检测数据管理等方面的技术受到的关注也比较多，而食药检测过程中的传感、采样、测试等技术受到的关注比较少。

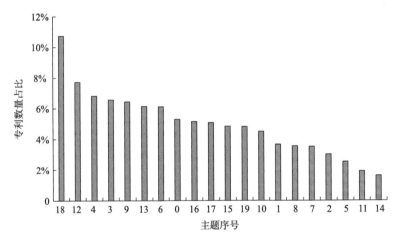

图 1-13　各技术领域专利数量占比

图 1-14 显示了各个技术领域的发展趋势。可以看出，近几年大部分技术的发展趋势都比较平稳，仅有主题 18、主题 19、主题 9、主题 3、主题 12、主题 0 等技术领域的波动比较大。其中，主题 3 食药检测装置与设备技术领域在 2018 年的年度专利占比达到了顶峰，此后持续下降；主题 18 食药快速检测装置与技术和主题 19 食药检测预处理装置与技术及主题 9 食药贮存安全技术与设备技术领域的年度专利占比持续上升；主题 12 食品检测分析仪器及技术和主题 0 食品微生物检测技术的专利

年度占比则持续下滑。除此以外的其他技术领域专利数量年度变化幅度较小。

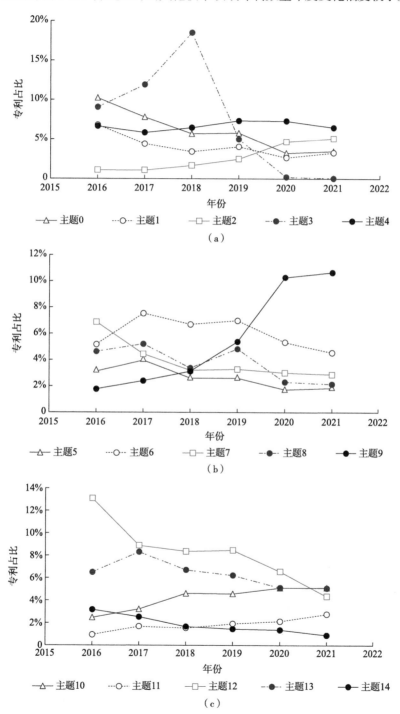

（a）

（b）

（c）

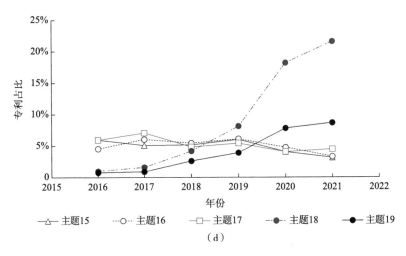

（d）

图 1-14 专利技术热点领域的年度占比分布

我们通过对世界知识产权组织的 PATENTSCOPE 数据库获取的食药质量安全检测技术专利数据进行研究，分析了食药质量安全领域的技术发展态势、技术创新推动力量及技术热点领域的分布，初步掌握了该领域技术的发展现状与重点，得到了以下结论。

在专利申请量增长方面，中国在食药质量安全检测技术领域的专利数量远超过世界其他国家/组织，且专利数量增长也要快于其他国家/组织。中国在食药质量安全检测技术领域的专利布局战略重心仍然在中国本土，而很少在世界知识产权组织、美国、澳大利亚等其他国家/组织申请专利，中国研发机构仍然缺乏海外专利布局的战略意识。

在技术类别分布与技术研究热点方面，中国与其他国家在食药质量安全检测技术类别分布方面存在比较显著的差异，而各个技术热点主题领域的专利数量分布及其增长趋势也有所不同。从技术类别分布来看，各个国家/组织主要技术领域集中在 G01N、G06Q、C12Q 和 F25D 等类目，中国在 G01N、F25D 大类的专利比例较高，即在化学或物理检测分析和冷冻储藏装置方面的研究较多，而美国、欧盟等西方国家/组织在 G06Q 和 C12Q 大类的专利比例更高，即在数据处理系统或方法和酶或微生物的测定或检验方法方面的研究较多。中国在利用光学手段进行食品安全快速检测方面的相关专利数量占比很高，尤其以柱色谱法、荧光和磷光及平面色谱法等方面的检测技术专利最多。从专利技术热点领域分布来看，食药检测操作装置与技术领域的专利占比领先于其他技术领域，是最热门的技术领域，而分析仪器、鉴别与加工、装置与设备、贮存安全、药材鉴别及检测数据管理等方面技术热度也比较高，当前对食药检测过程中的传感、采样、测试等方面的技术关注比较缺乏。近几年，食药检测操作装置与技术和食药贮存安全技术与设备方面的技术专利增长比较迅速，而食品检测分析仪器及技术和食品微生物检测技术方面的专利数量则呈现下滑态势。

1.3　基于标准分析的食药质量安全检测技术研究

1.3.1　数据来源与研究方法

本节标准数据来源于中国知网的标准数据总库，该数据库收录了国家标准全文、行业标准全文、职业标准全文及国内外标准题录等数据，共计 60 余万项。中国知网的标准数据总库所提供的标准题录，数据检索时间为 2021 年 11 月。在该数据库中，通过其高级检索功能检索 "SU%（食品+药材+中药+食物）AND　SU%（安全+质量+品质+检测+检验）"，时间范围为系统默认年限，共检索得到 6686 条标准记录，数据相对较完整的标准有 6352 项，我们下载了这些标准 refworks 格式的题录数据。本节在对标准数据进行处理时同样使用文献计量分析工具 VOSviewer，利用该软件的作者共现与关键词共现功能，统计分析标准制定机构的频次及其关系以及食药质量安全标准的内容主题。

1.3.2　结果分析

1. 标准发布时间分布

食药质量安全标准数量的年度变化趋势如图 1-15 所示。从该图可以看出，在 1953 年至 2000 年，食药质量安全标准的年度数量总体呈现出增长的趋势，并且在 21 世纪第一个十年里每年发布的标准数量都比较高。自 2009 年以来，每年新增的食药质量安全标准数量则呈现出总体下降的趋势。

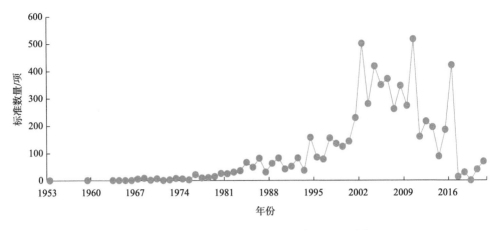

图 1-15　食药质量安全标准数量的年度变化趋势

2. 标准类型分布

食药质量安全标准主要有四种类型，即国家标准、国外标准、行业标准和中国标准。其中，国家标准是中华人民共和国国家标准，简称国标，国标的强制标准冠以"GB"，而推荐标准冠以"GB/T"。属于国家标准的食药质量安全标准共有 1502项，占比为 23.65%。国外标准有两类，分别是国际标准和各国的国家标准。国际标准主要为国际标准化组织（International Organization for Standardization，ISO）标准、国际电工委员会（International Electrotechnical Commission，IEC）标准，而各国的国家标准则主要有德国标准、英国标准、法国标准、西班牙标准、俄罗斯标准等。国外标准共有 2701 项，占比为 42.52%。中国标准、行业标准主要为农业行业标准、出入境检验检疫行业标准、轻工行业标准、商业行业标准、认证认可行业标准、中国机械行业标准、中国化工行业标准等，中国标准、行业标准所占的比重约为 34%。具体如图 1-16 所示。

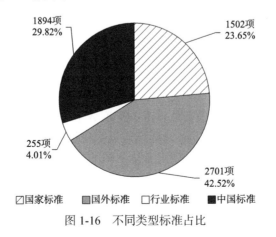

图 1-16　不同类型标准占比

按照国际和我国对标准的定义，标准是由公认机构批准发布的。目前，国家标准由国家市场监督管理总局（2018 年之前名称为国家质量监督检验检疫总局）和国家标准化管理委员会联合发布；行业标准由国务院有关部委发布。此外，地方标准和企业标准分别由各地方标准化行政主管部门和各企业发布。国外标准则由各国标准学会、协会发布。表 1-8 显示，发布食药质量安全标准最多的单位是国家卫生和计划生育委员会（现为国家卫生健康委员会），共发布了 810 项标准，其次是英国标准学会，发布标准 786 项。德国标准化学会、欧洲标准学会、国际标准化组织、法国标准化协会等国外机构发布的标准数量也比较多。除国家卫生和计划生育委员会外，国内的标准发布单位则以卫生部（现为国家卫生健康委员会）、国家质量监督检验检疫总局（现为国家市场监督管理总局）、农业部（现为农业农村部）、国家标准化管理委员会、国家市场监督管理总局、国家食品药品监督管理总局（现为国家市场监督管理总局）、国家卫生健康委员会等卫生、健康、质检、食药监管等国家机构或部门为主。

表1-8 不同标准发布单位所发布标准数量分布

序号	标准发布单位	标准数/项
1	国家卫生和计划生育委员会	810
2	英国标准学会	786
3	德国标准化学会	477
4	国家质量监督检验检疫总局	398
5	卫生部	385
6	欧洲标准学会	382
7	国际标准化组织	265
8	农业部	206
9	法国标准化协会	157
10	国家标准化管理委员会	151
11	国家市场监督管理总局	137
12	国家食品药品监督管理总局	136
13	国家卫生健康委员会	134
14	卫生部、国家标准化管理委员会	33

3. 标准起草机构分析

对于不同类型的标准，起草机构也有所差异。强制性国家标准由国务院有关行政主管部门依据职责提出、组织起草、征求意见和技术审查，由国务院标准化行政主管部门负责立项、编号和对外通报；推荐性国家标准由国务院标准化行政主管部门制定；实力雄厚的生产性企业、科研机构也可参与标准的起草。由表 1-9 可知，山东、广东、辽宁、上海、天津、江苏、浙江、深圳、吉林、福建、黑龙江、湖南等省市的出入境检验检疫局所起草制定的食药质量安全标准均超过了 20

项；食品、医药等领域的国家质检机构在标准起草制定过程中的作用也是不可忽视的。除此之外，许多食品生产企业、行业协会、高校和科研院所也参与了食药质量安全标准的起草和制定。图 1-17 显示了食药质量安全标准的起草单位共现网络，该网络揭示了标准起草单位之间的合作关系。在起草食药质量安全标准过程中，省级出入境检验检疫局发挥了重要作用，这类单位做了大量食药质量安全标准的起草和制定工作。显然，不同类型的标准起草机构之间就标准起草与制定工作展开了广泛的合作，形成了"出入境检验检疫机构+科研院所""行业协会+企业""高校+政府机构+科研院所"等多种标准起草合作模式。

表1-9 标准起草机构制定标准数量排名

序号	起草机构	标准数/项
1	中国疾病预防控制中心营养与食品安全所	67
2	山东出入境检验检疫局	62
3	广东出入境检验检疫局	54
4	辽宁出入境检验检疫局	54
5	卫生部食品卫生监督检验所	54
6	上海出入境检验检疫局	52
7	天津出入境检验检疫局	52
8	中国检验检疫科学研究院	50
9	江苏出入境检验检疫局	48
10	农业部农产品质量安全中心 [a]	46
11	浙江出入境检验检疫局	39
12	深圳出入境检验检疫局	38
13	农业部蔬菜品质监督检验测试中心（北京）[b]	35
14	中国食品发酵工业研究院	31
15	吉林出入境检验检疫局	30
16	福建出入境检验检疫局	30
17	黑龙江出入境检验检疫局	23
18	湖南出入境检验检疫局	22
19	中国绿色食品发展中心	22
20	中国兽医药品监察所	21

a 现已改名为农业农村部农产品质量安全中心，b 现已改名为农业农村部蔬菜品质监督检验测试中心（北京）

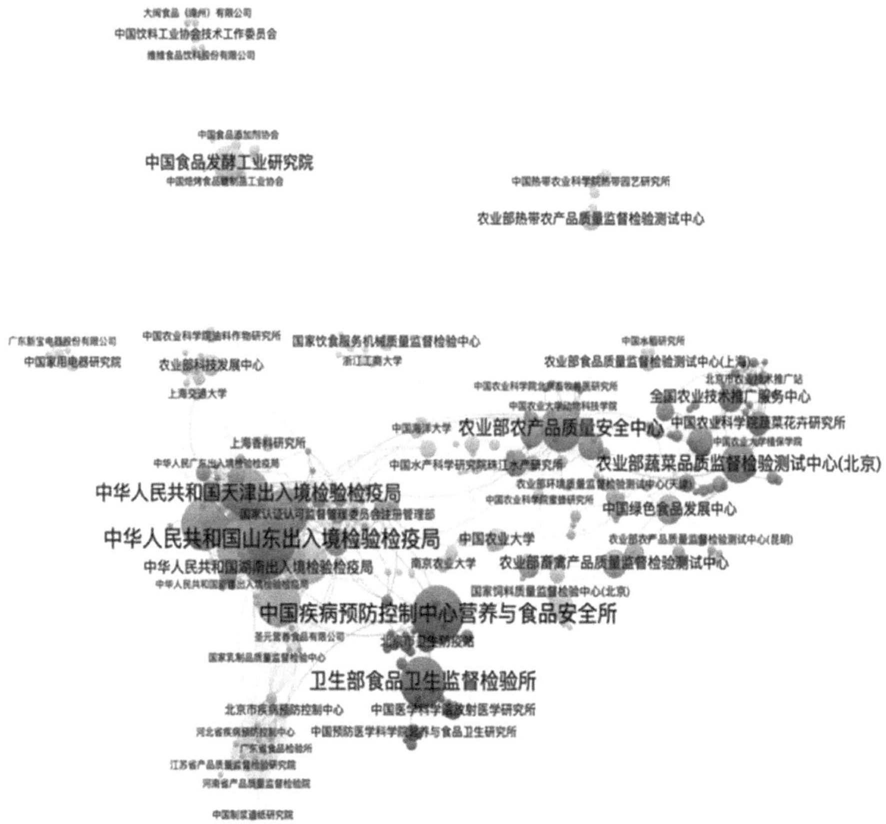

图 1-17　标准起草机构共现网络

图中机构名称均为软件从标准中直接提取的名称

4. 标准内容主题分析

中国知网的标准数据总库在对检索结果进行展示时，简单给出了检索结果的内容主题，这些主题对标准所涉及的主要内容进行了初步的归类。表 1-10 显示，检索结果中属于食品安全国家标准的最多，达到了 1228 项。食品安全国家标准由卫生部（现为国家卫生健康委员会）负责制定，这类标准规定了食品相关产品中的致病性微生物、农药残留、兽药残留、重金属、污染物质以及其他危害人体健康物质的限量及食品添加剂的使用等内容。无公害食品类标准有 886 项，主要由农业部（现为农业农村部）负责制定，内容涉及农产品标准以及包括产地环境条件、投入品使用、生产管理技术规范、认证管理技术规范等通则。食品添加剂类标准有 719 项。2014 年 12 月，国家卫生和计划生育委员会发布了《食品安全国家标准　食品添加剂使用标准》（GB 2760—2014）等，制定了食品添加剂名单、使用原则、质量规格等。这三项标准数量之和占检索结果的比重超过了 40%①。除此之外的其他主题标准则基本上都在 350 项以下，主要集中在微生物学、检测方法、生产与检验技术规程等方面。

表1-10　食药质量安全标准内容主题

序号	主题	标准数/项	序号	主题	标准数/项
1	食品安全国家标准	1228	21	油	138
2	无公害食品	886	22	食品卫生	134
3	食品添加剂	719	23	感官分析	113
4	微生物学	344	24	色谱法	98
5	动物饲料	278	25	乳制品	94
6	卫生要求	229	26	检验规程	86
7	微生物	220	27	PCR	82
8	检测方法	216	28	食品接触材料	82
9	EN 1367-3	205	29	参照法	79
10	残留量	187	30	残留量检测	78
11	微生物检验	171	31	特殊要求	76
12	高效液相色谱法	169	32	液相色谱-质谱/质谱法	71
13	食品加工机械	165	33	肉及肉制品	71
14	液相色谱法	154	34	奶制品	71
15	食品加工	151	35	检验方法	68
16	含量测定	150	36	脂肪含量	66
17	食品接触	142	37	水	65
18	微生物学检验	139	38	EN ISO 10539	64
19	肉制品	139	39	维生素	64
20	生产技术规程	138	40	食品模拟物	64

　　为进一步分析食药质量安全标准的内容，本节基于从标准的题名、简介等文本内容中提取的词汇构建标准共现网络（图 1-18），进行了标准关键词共现分析。标准共词网络可以通过对重要词汇进行聚类，在一定程度上反映标准内容主题之间的关系。通过对词汇进行聚类发现，食药质量安全标准内容主要涉及三个方面的内容，分别是食品生产加工安全标准、食品安全检测标准、无公害食品标准。

_____

① （1228+886+719）/6352=44.6%。

图 1-18　食药质量安全标准共现网络

1）食品生产加工安全标准

食品生产加工安全标准涉及食品生产加工设备、食品包装以及食品贮存与运输等各个方面的安全标准。设备管理是生产加工企业的生产管理中的重要组成部分，而设备的安全管理则是进行设备管理的重要基础，生产企业的经营管理首要任务是安全生产，安全生产的首要工作是设备的安全管理工作，在生产过程中做好设备安全管理工作意义十分重大。近年来，我国制造业的设备管理从传统的"经验管理"逐步向现代化"科学管理"过渡，而随着食品行业准入制的推行、《中华人民共和国食品安全法》的颁布实施，食品安全对设备安全管理的要求也日益提高，食品加工业设备安全管理有了更新的内涵，要切实树立"设备安全管理要为生产经营服务"的观念，进一步提高对设备安全管理及食品安全防范工作重要性的认识，采取有力的管理措施，防止各类生产安全事故发生的同时，杜绝设备安全隐患对食品质量安全的影响。在这类标准内容中频繁出现的关键词有："规范（验收）""卫生学""安全""食品""危害""安全要求""机械工程""清洁处理""做标记""安全措施""噪声测量""设计""用户信息""操作说明书""安全工程""食品包装""接触食品的材料""材料试验""塑料""触点""包装件""迁移""物品""包装"等。例如，根据《中华人民共和国食品安全法》和《食品安全国家标准管理办法》规定，食品安全国家标准审评委员会审查通过了《食品安全国家标准　食品生产通用卫生规范》（GB 14881—2013），该标准给出了食品生产过程中原料采购、加工、包装、贮存和运输等环节的场所、设施、人员以及管理准则等基本要求，适用于各类食品的生产，食品企业可据此制定特定类型食品生产的专项卫生规范。《食品生产加工小作坊质量安全控制基本要求》（GB/T 23734—2009）规定了食品生产加工小作坊质量安全控制基本要求，包括生产与加工场所、设施与设备、加工过程控制、人员、质量安全管理、包装、贮存与运输和食品标识要求等内容。

2）食品安全检测标准

食品安全检测是按照国家指标来检测食品中的有害物质，主要是一些有害有毒的指标检测，如重金属、黄曲霉毒素等。常见的食品检测技术有色谱技术、生物技术、快速检测技术，与此相关的这些技术标准涉及微生物检验、食品理化指标检验等多个方面的检测标准，如 GB 31604、GB 5009 等食品安全国家标准。在食品检测相关标准的内容中出现频率较高的关键词主要有"食品""食品检验""含量测定""化学分析和试验""农产品""抽样方法""乳制品""牛奶""分析方法""试样制备""试验报告"等。该类标准主要从食品成分测定、光谱分析、化学分析、微生物分析与实验等方面明确了食品安全检测的规程、技术内容等。例如，《预包装食品中致病菌限量》（GB 29921—2021）规定了预包装食品中致病菌指标、限量要求和检验方法，涵盖了沙门氏菌、单核细胞增生李斯特菌、金黄色葡萄球菌、大肠埃希氏菌O157:H7、副溶血性弧菌等致病菌，并适用于肉制品、水产制品、即食蛋制品、粮食制品、即食豆类制品、巧克力类及可可制品、即食果蔬制品（含酱腌菜类）、饮料（包装用水、碳酸除外）、冷冻饮品、即食调味品、坚果籽实制品等食品。国家食品安全风险评估中心、青岛海关技术中心、中国检验检测学会等机构承担起草了《食品安全国家标准　微生物学检验方法验证通则》，该标准于 2021 年 6 月 24 日经第二届食品安全国家标准审评委员会微生物检验方法与规程专业委员会第六次会议审查通过，涉及了验证的通用要求、验证参数的设计、无参考方法的方法验证规则等主要技术内容。

3）无公害食品标准

无公害食品主要是指无污染、无毒害、安全优质的食品，在国外称为无污染食品、生态食品、自然食品。在我国，无公害食品生产地环境清洁，按规定的技术操作规程生产，将有害物质控制在规定的标准内，并且通过部门授权审定批准后才可以使用无公害食品标志。在现实中，要生产出完全不受到有害物质污染的食品是很难的，因此对此类食品的要求更多的是将某些有害物质控制在标准允许的范围内，保证人们的食用安全，也就是尽可能达到"优质、卫生"的目标，具体来看，就是要达到农药残留不超标、相关化学成分含量不超标、工业"三废"和病原菌微生物等有害物质含量不超标等要求。在这类标准内容中频繁出现的关键词有"食品安全国家标准""无公害食品""食品添加剂""检验""检测方法""肉制品""生产技术规程""残留量""规范""绿色食品""出口""检验规程""食品接触材料""检测""动物""维生素""微生物学检验"等表 1-11。我国自加入世界贸易组织以后，已逐渐建立了无公害食品标准体系。农业部 2001 年制定、发布了 73 项无公害食品标准，2002 年制定了 126 项、修订了 11 项无公害食品标准，2004 年又制定了 112 项无公害标准。无公害食品标准内容包括产地环境标准、产品质量标准、生产技术规范和检验检测方法等，标准涉及 120 多个（类）农产品品种，大多数为蔬菜、水果、茶叶、肉、蛋、奶、鱼等关系城乡居民日常生活的"菜篮子"产品。

表1-11　食药质量安全标准高频关键词

序号	关键词	类别	频次	序号	关键词	类别	频次
1	食品	2	2729	18	抽样方法	2	406
2	食品检验	2	1768	19	乳制品	2	368
3	定义	8	1248	20	牛奶	2	359
4	试验	3	1168	21	安全	1	348
5	食品安全国家标准	4	1167	22	分析方法	2	335
6	含量测定	2	1159	23	食品料	1	334
7	无公害食品	4	990	24	试样制备	2	332
8	化学分析和试验	2	864	25	危害	1	322
9	食品添加剂	4	852	26	安全要求	1	298
10	规范（验收）	1	638	27	微生物	8	297
11	农产品	2	579	28	验证	6	280
12	卫生学	1	579	29	试验报告	2	267
13	测定	7	565	30	液相色谱法	7	262
14	微生物分析	8	522	31	机械工程	1	261
15	微生物学	8	467	32	脂肪	2	254
16	检验	4	464	33	试验设备	2	246
17	分析	2	457	34	测试	9	245

序号	关键词	类别	频次	序号	关键词	类别	频次
35	试验条件	2	245	38	实验室间试验	2	228
36	清洁处理	1	234	39	实验室试验	10	225
37	作标记	1	229	40	安全措施	1	222

运用可视化的文献计量分析软件 VOSviewer，本节对国内外食药质量安全标准进行了标准发布年度趋势、发布机构、起草机构以及内容主题等方面的分析，得出以下几方面结论。

（1）从发布趋势来看，食药质量安全标准发布的高峰时期主要集中在 21 世纪第一个十年，这显示出国内外对食药质量安全给予了越来越多的关注，并逐渐以更加完整的标准体系实现对食药质量安全进行规范化、法治化管理。在 21 世纪第一个十年里，食药质量安全标准更多的是关于农产品、农作物、出口食品、绿色食品和无公害食品等的安全标准，且相关标准大多是国外或国际标准，而国内标准较少；近年来，食药质量安全标准数量增长有所放缓，但越来越注重对食品添加剂、食品营养强化剂及微生物、化学成分检测等方面进行规范，且以国内制定的食品质量安全强制标准居多。

（2）从标准发布机构来看，食药质量安全标准发布机构涵盖了我国卫生、质检、农业、标准化管理、市场监督和食药监督管理等国家机构以及国际主要标准化组织，这些权威官方机构所发布的标准具有较高的强制性与较广泛的适用范围。从标准起草机构来看，食药质量安全标准通常由多家机构联合起草，负责起草食药质量安全标准的机构主要有各省市的出入境检验检疫局、食品、农产品、医药等领域的国家质检机构以及食品生产企业、行业协会、高校和科研院所。起草机构合作网络显示，标准的各类起草机构之间存在着广泛的合作，形成了多种标准起草合作模式。

（3）从标准内容主题来看，食药质量安全标准内容集中在食品生产加工安全、食品安全检测、无公害食品等的质量安全方面。其中，食品生产加工安全标准主要对食品生产加工、食品包装以及食品贮存与运输等方面的设备、工程、卫生安全进行了规范；食品安全检测标准主要从食品成分测定、光谱分析、化学分析、微生物分析与实验等方面明确了食品安全检测的规程、技术内容等；无公害食品标准则主要对食药产品及其原材料中的农药残留、相关化学成分含量、工业"三废"和病原菌微生物等有害物质含量做出了明确的规定。

1.4　研　究　评　述

综合期刊文献、专利和标准的热点主题分析结果，国内外食药质量安全检测技术研究主要集中在以下几个方面。

（1）基于感官的检测技术。以气味、口感作为品质检测和控制手段一直是抽象而主观的判断，通常这两项工作主要依靠由有经验的专业人员所组成的专家组或气相色谱法、色谱-质谱联用技术与电化学方法进行判定鉴别。采用电子鼻/电子舌（传感器矩阵系统）来表征气味、口感及检测品质更为可靠和合理，这一快速方法使实时监测的愿望可以真正实现。采用传感矩阵的电子鼻系统可以模拟人类的嗅觉对气味进行感知，而实现该功能的一系列传感器被称为传感器矩阵，常用的有金属氧化物传感器与电化学传感器。电子鼻/电子舌采用了人工智能技术，实现了用仪器"嗅觉"对产品进行客观分析。这种智能传感器矩阵系统中配有不同类型的传感器，使它能更充分模拟复杂的鼻子/舌头，也可通过它得到某产品真实的身份证明（指纹图），从而辅助专家快速地进行系统化、科学化的气味、口感监测、鉴别、判断和分析。以往，受敏感膜材料、制造工艺、数据处理方法等方面的限制，传统感官检测技术在应用过程中常常存在成本高、取样不便、传感器灵敏度不高、检测速度有待提升以及检测数据存储与处理效率低下等问题[105]，近年来随着这类技术的不断成熟，电子鼻、电子舌和质构仪等智能感官技术在操作简便、实验成本低、检测速度快、检测准确度高等方面的优点也越来越突出。目前，基于感官的检测技术研究与应用实践呈现以下特点：一是智能感官分析技术与传统感官分析的结合日益受到关注，这两项技术既存在差异性，也存在一定的关联度，完善传统感官指标检测与评价的方法和技术体系可以进一步提高检测准确度；二是感官分析仪器不断趋于便携化，不仅有基于个人计算机（personal computer，PC）平台的分析仪器，同时也有便携式的智能感官分析仪器，便于实时实地对食品进行测定分析，提高检测的便捷性；三是多种智能感官分析技术联合应用于食品的品质如气味、口味及质地检测等多个方面，避免了单一仪器或设备只能检测某一种品质指标而无法进行综合分析导致检测和评价的准确度不高的问题。

（2）基于理化的检测技术。食品理化检验以分析化学、仪器分析、营养与食品卫生学、食品化学、生物化学为基础，采用现代分离、分析技术，对食品的营养成分和有毒有害的化学物质进行定性与定量检验，在保障食品安全和公众健康方面发挥了非常重要的作用。在样品前处理技术方面，液液微萃取技术、基质固相分散法、在线固相萃取技术、固相微萃取技术、分子印迹技术、加压溶剂萃取、吹扫捕集技术、微波辅助萃取、超临界流体萃取、超声辅助萃取-固相萃取等一系列技术已在食品理化检验中获得了广泛应用。尤其是近年来，多种具有优良性能的新型吸附材料已被逐渐用于食品样品前处理。其中，纳米材料如碳纳米管及其改性材料，由于具有比表面积大、化学稳定性好、机械强度高及吸附能力强等独特性能，已被广泛用于固相萃取领域，在固相微萃取领域也表现出了很好的发展前景。在分离和检测技术方面，除采用薄层分离结合目视比色法、分光光度计、荧光光度计、原子吸收光谱仪和气相色谱仪等传统仪器与方法外，高效液相色谱、原子荧光光谱仪、离子色谱仪、红外光谱仪、毛细管电泳仪等近年来也逐渐在食品理化检验中得到广泛应用，许多高精尖的分析仪器已逐渐应用于食品理化检验中。可以预见的是，越来越多的高灵敏度、高分辨率的分析仪器和联用技术将应用于食品理化检验方面，推动食品质量安全检测朝着微量、快速、高通量、自动化的方向发展。例如，微流控芯片技术、各种传感技术大大缩短了分析时间、减少了试剂用量；装载自动进样和在线样品前处理装置的分析仪器，可昼夜连续自动完成检验任务，从而使食品质量安全检验工作大大简化，并能快速处理大量的样品；理化检验和微生物检验技术的交叉融合，能够解决检测对象不断微量化、痕量化以及食品样品基质复杂化的问题。

（3）基于生化的检测技术。生物化学样品中所含离子、分子、核酸和蛋白质等的详细情况与环境、疾病等有着紧密联系，寻找能够直接定量复杂生物基质中生物标志物的快速、简便、准确的检测诊断技术，是分析化学一直以来的研究目标之一。传统生化检测方法主要有前增菌、选择性增菌、镜检以及血清学验证等，这类方法步骤烦琐、检测时间长且很难对所得到的检测结果进行判断。因此，早在2000年中国疾病预防控制中心就建立了全国食品污染物监测体系，旨在构建国家级监控网络和数据库，将微生物危险性评估技术、DNA指纹图谱分型技术、病原微生物PCR快速检测技术作为食品安全关键技术进行攻关研究。经过20多年的发展，这些一系列具有前瞻性的生化检测技术日益成熟。2003年颁布的食品卫生微生物学检验标准汇编——GB/T 4789系列标准更新和完善了各类微生物的生化检测标准，但传统的食品卫生微生物检验方法须经过增殖培养、分离纯化、生化实验、血清学实验等，检验步骤烦琐、耗时长，不能应对市场需求快速准确检验方法的要求。目前，以色谱学、光谱学、免疫学、代谢学、传感技术为基础的色谱法以及荧光分析法、射测量法、阻抗法、ELISA法、生物传感器法受到广泛关注。例如，免疫学方法具有快速、灵敏度高、特异性好等优点，近年来以ELISA法、免疫胶体金技术、酶联免疫荧光分析技术发展最为迅速；代谢学技术是通过比对微生物生理生长的一些如底物、电阻抗、代谢产物的变化特性，而达到微生物检测目的的一种方法；电化学传感器是以离子导电为基础的一种分析检测装置，具有选择性好、操作简单、成本低廉、便于携带及不破坏测试体系、不受颜色影响等优点，已被用于分析蛋白质、核酸、生物小分子等成分。此外，流式细胞术、PCR法、基因探针技术也被用于食品生化检测，这些检测方法的敏感性、特异性更好，且检测速度更快。

（4）基于量子计算的检测技术。量子力学与理论化学的结合形成了量子化学，许多软件已被开发出来用于进行量子化学分析，如Gaussian、NWChem、VASP、Q-Chem、ADF、Turbomole、Molpro、Gamess等。量子化学软件的广泛开发、应用，使得人们可以从理论上在化妆品、药物发现、食品安全和化合物制造等领域深入研究各种物质结构和性质的本质联系。在食药检测领域，一些学者已尝试利用量子计算方法处理光谱数据获得光谱图谱，实现对食药光谱的解析，进而从光谱中识别出农药残留、危害成分[106]。量子计算与其他通用计算方法相比，能够显著地缩短计算时间，将其与机器学习的相关算法进行结合，可以极大地降低数据处理成本。基于量子计算技术的编程模型可以提高预测精度，避免了其他机器学习方法在预测时需要调整参数或对结果变量进行复杂转换的问题，将这种全新的方法应用于药物发现，可以更准确地计算毒性程度，结果预测和模型拟合效果明显要优于神经网络模型[107]。然而，量子计算技术尚未达到完全实用的状态，该技术容错率低、关联时间短和实验过程普遍比较复杂，因此该技术是否能够有效解决食药检测中的实际问题仍然是不确定的。另外，从量子计算在食药领域的应用情况来看，目前对该技术的应用主要还是集中在计算机辅助药物发现与药物设计领域，主要用于检测药物毒性、分析药物活性点位结构和药物成分之间的相互作用，在食药检测领域的应用前景还有待开发。

（5）基于大数据的检测技术。传统食品质量检验技术大部分是随机抽取食品样本，以化学检验方法为主。在部分场景中，试剂法虽然准确率高，但其存在着检验成本较高，检验周期长，属于破坏型检验方法，普适性不强，随机取样存在着一定的检验盲区等缺点。随着人工智能技术的成熟，通过大数据技术对特定食药品类进行检验逐渐兴起，以计算机视觉技术、射频识别（radio frequency identification，RFID）技术与物联网技术、数据挖掘等为基础开展检测的大数据技术应用于食药检测领域具有检验范围广、检验效率高、无须破坏食品、普适性高等优点。目前，国内外利用计算机视觉技术开展食品质量控制的研究已经较为成熟，该项技术可以实现食药的快速检测，对食药进行品质分析与评级、产品分类、农产品缺陷识别与成熟度分析、常见病虫害种类识别、微生物鉴定等。射频识别技术可以构建食品全流程追溯系统，可以有效监控各类农产品从农场到餐桌的全过程，通过安装温度传感器、湿度传感器、土壤监控传感器、家禽家畜健康监控电子标签等多种类型的生产过程控制传感器，可从初始阶段完整记录农产品的生长历程，进而实现对食品的全链条质量控制。将数据挖掘应用于食品质量安全检测之中，可实现对食品安全潜在风险的关联规则挖掘、分类与预测、聚类、复杂数据挖掘。目前，大数据技术已应用于食品质量安全检测、风险识别与评估，虽然提升了食药检测的效率，但也面临着一些问题，包括分类预测模型的泛化能力较差、风险评估指标不够全面等，这些问题的解决需要不断优化大数据的模型与算法，在更多的食药检测场景中应用这些技术，与专业的食药检测人员开展跨领域的合作，持续提升基于大数据的食药质量安全检测技术的效率、精确度和拓展性。

通过对国内外食药质量安全检测研究现状进行分析可以发现，中国已经成为该领域的重要力量。产生这种现象的原因主要有两个方面：一是随着近年来综合国力的不断上升，中国的科技水平、科研实力也在持续提升。早在 2010 年以前就有学者断言，中国在一些前沿学科领域迅速崛起已成为不争的事实[108, 109]。到 2010年，中国在论文的数量和影响力方面的科技实力已紧随美国位列第二[110, 111]。《国家中长期科学和技术发展规划纲要（2006—2020 年）》中提出的科学论文引用次数到 2020 年上升至世界前五的目标，已经在 2012 年提前实现[112]。二是由于近年人们比较关注食药质量安全问题，国内加大了对食药质量安全检测技术的研究与应用，相关研究成果也陆续涌现，从而加速了国内该研究领域的发展。具体来看，该领域呈现出以下两个重要趋势。

（1）检测技术与方法日益注重新技术、新材料的应用以及与不同方法的融合。研究表明，与国际该研究领域的学者相比，国内该研究领域学者对食药质量安全检测方法创新、应用的兴趣更浓。检测方法的创新主要有两种方式：一是传统检测技术与方法的融合。食药质量安全检测技术与方法种类繁多，包含病原微生物检测技术、农药化学物质检测技术、污染物和金属检测技术、毒素和毒物检测技术、食品添加剂及其他违禁化学品检测技术等。近年来，核酸适配体筛选技术、基于新型材料的检测设备以及不同检测方法的融合，是食药质量安全研究的重要趋势。例如，免疫磁性分离技术与其他检测技术相结合可在致病菌的检测过程中发挥更大的作用[113]；Yin 等设计了一种胍功能化的上转换荧光纳米传感器，并将其成功应用于食品中七种常见细菌的同时检测[114]；微生物代谢产物分析及纳米磁珠等技术的使用有效拓宽了基质辅助激光解吸电离飞行时间质谱（matrix-assisted laser desorption/ionization time of flight mass spectrometry，MALDI-TOF-MS）的应用范围，为 MALDI-TOF-MS 在食药检测和流行病学研究领域的推广及应用提供了支持[115]。二是新技术方法的引入。区块链、大数据技术等为食药供应链管理、食药质量安全监管提供了新的技术手段，其应用可实现从食品生产、加工和销售等各个环节对食药质量安全进行检测、分类和预测，并能够对潜在风险进行智能、动态的评估和监测。与以往的研究相比，这类研究不只是关注食药安全风险评估指标、影响因素和风险评估预警模型的构建，更加关注如何利用区块链和大数据等技术构建食药供应链系统平台与食品安全风险动态监测平台。

（2）食药快速检测技术的创新与应用备受关注。研究显示，快速检测技术在食药安全检测中具有明显优势，可以在保障检测结果的同时缩短检测时间，保障食药流通不受影响。通过比较国内外食药快速检测技术的研究现状可以发现，国内对食药快速检测技术的关注程度明显要更高一些，国内该研究领域更加聚焦于食药质量安全检测方法的创新、改进与实证等应用研究，而对食药化学、食药微生物学等基础研究则关注不足。这种差异与 2008 年前后爆发的一系列食品安全事件导致国内食药质量安全形势严峻有很大关系，此后急需探索和应用更加实用的快速检测技术，以大幅提升食药检测的效率、准确度与及时性。总体而言，食药快速检测技术正朝着以下几个方向发展：一是检测项目日益齐全。要想提高食品安全监管力度，必须不断丰富快速检测技术的检测项目，使快速检测技术的检测项目日益拓展，在原有食品成分检测的基础上，逐步向兽药农药残留检测、重金属检测、添加剂检测、安全指标检测等方向努力。二是检测结果更加准确。随着快速检测技术的不断发展，其检测结果的准确性也会不断增加，最好将定量指标误差值控制在 10%以内，将定性指标误差值控制在 5%以内，促使定量、定性检测不断升级，使食品安全质量得以有效提高。三是检测速度更快。虽然相较于实验室检测，快速检测技术的检测速度已明显提升，但是从整体而言快速检测技术的检测速度仍旧较慢。因此，为了促使快速检测技术的推广应用，必须进一步提高快速检测技术的检测技术水平，简化快速检测技术的操作过程，这样才能有效缩短快速检测技术的检测时间。四是设备更加便携。部分快速检测技术在检测过程中也需要运用到检测设备，但是当前检测设备体型普遍较大，而且针对性较强，一种检测设备只能检测 1～2 种成分，严重降低了检测设备的便携性。因此，需要进一步缩小检测设备的体型，扩大检测设备的检测范围，以促使快速检测技术更快推广普及。

参 考 文 献

[1] Ma X X, Meng Y J, Wang P, et al. Bioinformatics-assisted, integrated omics studies on medicinal plants. Briefings in Bioinformatics, 2020, 21（6）: 1857-1874.

[2] Bassi D, Colla F, Gazzola S, et al. Transcriptome analysis of *Bacillus thuringiensis* spore life,

germination and cell outgrowth in a vegetable-based food model. Food Microbiology, 2016, 55: 73-85.

[3] Li J A, Li C L, Lu S F. Identification and characterization of the cytosine-5 DNA methyltransferase gene family in *Salvia miltiorrhiza*. PeerJ, 2018, 6 (17): e4461.

[4] Gao J H, Zhang D Y, Hou F X, et al. Transcriptome analysis of *Aconitum carmichaelii* identifies genes involved in terpenoid, alkaloid and phenylpropanoid biosynthesis. International Journal of Agriculture and Biology, 2019, 22 (4): 710-720.

[5] Temesgen T T, Tysnes K R, Robertson L J. Use of oxidative stress responses to determine the efficacy of inactivation treatments on *Cryptosporidium oocysts*. Microorganisms, 2021, 9 (7): 1463.

[6] Leišová-Svobodová L, Psota V, Stočes Š, et al. Comparative *de novo* transcriptome analysis of barley varieties with different malting qualities. Functional and Integrative Genomics, 2020, 20 (6): 801-812.

[7] King T, Osmond-McLeod M J, Duffy L L. Nanotechnology in the food sector and potential applications for the poultry industry. Trends in Food Science and Technology, 2018, 72: 62-73.

[8] Manoj D, Shanmugasundaram S, Anandharamakrishnan C. Nanosensing and nanobiosensing: concepts, methods, and applications for quality evaluation of liquid foods. Food Control, 2021, 126 (4): 108017.

[9] Kim N, Kim C, Jung S, et al. Determination and identification of titanium dioxide nanoparticles in confectionery foods, marketed in South Korea, using inductively coupled plasma optical emission spectrometry and transmission electron microscopy. Food Additives and Contaminants: Part A, 2018, 35 (7): 1238-1246.

[10] Rong Y W, Hassan M M, Ouyang Q, et al. Lanthanide ion (Ln^{3+}) - based upconversion sensor for quantification of food contaminants: a review. Comprehensive Reviews in Food Science and Food Safety, 2021, 20 (4): 3531-3578.

[11] Wang L, Huang X Y, Wang C Q, et al. Applications of surface functionalized Fe_3O_4 NPs-based detection methods in food safety. Food Chemistry, 2021, 342: 128343.

[12] Huang X Y, Huang T, Li X J, et al. Flower-like gold nanoparticles-based immunochromatographic test strip for rapid simultaneous detection of fumonisin B_1 and deoxynivalenol in Chinese traditional medicine. Journal of Pharmaceutical and Biomedical Analysis, 2020, 177: 112895.

[13] Chen T, Cheng G Y, Ahmed S, et al. New methodologies in screening of antibiotic residues in animal-derived foods: Biosensors. Talanta, 2017, 175: 435-442.

[14] Zhang H, Nie P C, Xia Z Y, et al. Rapid quantitative detection of deltamethrin in *Corydalis yanhusuo* by SERS coupled with multi-walled carbon nanotubes. Molecules, 2020, 25 (18): 4081.

[15] Jiang Y X, Cong S, Song G, et al. Defective cuprous oxide as a selective surface-enhanced Raman scattering sensor of dye adulteration in Chinese herbal medicines. Journal of Raman Spectroscopy, 2021, 52 (7): 1265-1274.

[16] Ayyıldız M F，Fındıkoğlu M S，Chormey D S，et al. A simple and efficient preconcentration method based on vortex assisted reduced graphene oxide magnetic nanoparticles for the sensitive determination of endocrine disrupting compounds in different water and baby food samples by GC-FID. Journal of Food Composition and Analysis，2020，88：103431.

[17] Chen X A，Zhang Y Q，Li Z Y，et al. Comparison and application of two microextractions based on syringe membrane filter. Journal of Separation Science，2020，43（2）：462-469.

[18] Karami-Osboo R，Maham M，Nasrollahzadeh M. Rapid and sensitive extraction of aflatoxins by Fe₃O₄/zeolite nanocomposite adsorbent in rice samples. Microchemical Journal，2020，158：105206.

[19] Jiang Y X，Piao H L，Qin Z C，et al. One-step synthesized magnetic MIL-101（Cr）for effective extraction of triazine herbicides from rice prior to determination by liquid chromatography-tandem mass spectrometry. Journal of Separation Science，2019，42（18）：2900-2908.

[20] Chen H，Deng X J，Ding G S，et al. The synthesis，adsorption mechanism and application of polyethyleneimine functionalized magnetic nanoparticles for the analysis of synthetic colorants in candies and beverages. Food Chemistry，2019，293：340-347.

[21] Guo X J，Huang Y J，Yu W X，et al. Multi-walled carbon nanotubes modified with iron oxide and manganese dioxide（MWCNTs-Fe₃O₄-MnO₂）as a novel adsorbent for the determination of BPA. Microchemical Journal，2020，157：104867.

[22] Khayatian G，Jodan M，Hassanpoor S，et al. Determination of trace amounts of cadmium，copper and nickel in environmental water and food samples using GO/MgO nanocomposite as a new sorbent. Journal of the Iranian Chemical Society，2016，13（5）：831-839.

[23] Escrivá Ú，Andrés-Costa M J，Andreu V，et al. Analysis of cannabinoids by liquid chromatography-mass spectrometry in milk，liver and hemp seed to ensure food safety. Food Chemistry，2017，228：177-185.

[24] Omena E，Oenning A L，Merib J，et al. A green and simple sample preparation method to determine pesticides in rice using a combination of SPME and rotating disk sorption devices. Analytica Chimica Acta，2019，1069：57-65.

[25] Cho I H，Ku S. Current technical approaches for the early detection of foodborne pathogens：challenges and opportunities. International Journal of Molecular Sciences，2017，18（10）：2078.

[26] Melo A M A，Alexandre D L，Furtado R F，et al. Electrochemical immunosensors for *Salmonella* detection in food. Applied Microbiology and Biotechnology，2016，100（12）：5301-5312.

[27] Gao H W，Yan C L，Wu W，et al. Application of microfluidic chip technology in food safety sensing. Sensors，2020，20（6）：1792.

[28] Zhao X H，Li M，Xu Z B. Detection of foodborne pathogens by surface enhanced Raman spectroscopy. Frontiers in Microbiology，2018，9：1236.

[29] Du H，Wang X M，Yang Q L，et al. Quantum dot：lightning invisible foodborne pathogens. Trends in Food Science and Technology，2021，110：1-12.

[30] Zhang X P，Li Y R，Tao Y，et al. A novel method based on infrared spectroscopic inception-resnet networks for the detection of the major fish allergen parvalbumin. Food

Chemistry，2021，337：127986.

[31] Rong D，Wang H Y，Xie L J，et al. Impurity detection of juglans using deep learning and machine vision. Computers and Electronics in Agriculture，2020，178：105764.

[32] Rong D，Wang H Y，Ying Y B，et al. Peach variety detection using VIS-NIR spectroscopy and deep learning. Computers and Electronics in Agriculture，2020，175（2）：105553.

[33] Du X J，Zang Y X，Liu H B，et al. Recombinase polymerase amplification combined with lateral flow strip for *Listeria monocytogenes* detection in food. Journal of Food Science，2018，83（4）：1041-1047.

[34] Allgöwer S M，Hartmann C A，Lipinski C，et al. LAMP-LFD based on isothermal amplification of multicopy gene ORF160b：applicability for highly sensitive low-tech screening of allergenic soybean（*Glycine max*）in food. Foods，2020，9（12）：1741.

[35] Baraketi A，d'Auria S，Shankar S，et al. Novel spider web trap approach based on chitosan/cellulose nanocrystals/glycerol membrane for the detection of *Escherichia coli* O_{157}：H_7 on food surfaces. International Journal of Biological Macromolecules，2020，146：1009-1014.

[36] Feng J L，Dai Z Y，Tian X L，et al. Detection of *Listeria monocytogenes* based on combined aptamers magnetic capture and loop-mediated isothermal amplification. Food Control，2018，85：443-452.

[37] 陈爱亮. 食品安全快速检测技术现状及发展趋势. 食品安全质量检测学报，2021，12（2）：411-414.

[38] 王蕾，张莉蕴，王玉可，等. 快速检测技术在食品真菌毒素检测中的研究进展. 食品研究与开发，2021，42（4）：187-192.

[39] 李杰，丁承超，翟绪昭，等. 沙门氏菌检测技术研究进展. 微生物学杂志，2017，37（4）：126-132.

[40] 许丽梅，康靖，曾勇明，等. SERS技术应用于食品中罗丹明B的快速检测. 食品工业科技，2017，38（24）：238-242，247.

[41] 辛亮，张兰威. 核酸-微流控芯片检测食品病原微生物的研究进展. 食品科学，2020，41（23）：266-272.

[42] 陈亨业，刘瑞，付海燕，等. 量子点及其在食品安全快速检测中的应用进展. 化学通报，2020，83（5）：418-426.

[43] 孙晶，柳雨影，曹玲，等. 电喷雾-离子迁移谱快速检测减肥类保健食品中非法添加的22种化学药物. 食品工业科技，2020，41（14）：228-233.

[44] 辛亮，崔艳华，张兰威. 环介导等温扩增技术快速检测食源性致病菌的研究进展. 中国食品学报，2018，18（3）：211-220.

[45] 樊子便，武希璇，刘胜男，等. 凝胶渗透色谱-气相色谱-质谱法快速检测乳制品中5类致香成分. 陕西科技大学学报，2021，39（4）：40-44，60.

[46] 陈蓉，余佳文，徐瑞超，等. 虎掌南星超快速Real-time VPCR闭管检测方法的建立及应用. 中草药，2021，52（18）：5722-5728.

[47] 李杰，钱云开，张新，等. 鱼肉制品中巴沙鱼源性成分的实时荧光聚合酶链式反应快速检测法. 中国食品卫生杂志，2021，33（4）：426-429.

[48] 王立娟，郭威，张先舟，等. 实时荧光跨越式滚环等温扩增技术检测食品中的志贺氏菌. 食品研究与开发，2021，42（14）：125-131.

[49] 李桂金，宋晓礁，张銮，等. 实时荧光核酸恒温扩增技术检测食品中金黄色葡萄球菌的方法评价. 食品安全质量检测学报，2021，12（12）：4852-4857.

[50] Fan Y，Yin L A，Xue Y，et al. Analyzing the flavor compounds in Chinese traditional fermented shrimp pastes by HS-SPME-GC/MS and electronic nose. Journal of Ocean University of China，2017，16（2）：311-318.

[51] Gliszczyńska-Świgło A，Chmielewski J. Electronic nose as a tool for monitoring the authenticity of food. A review. Food Analytical Methods，2017,10（6）：1800-1816.

[52] 李叶丽，史晓亚，黄登宇. 快速检测技术在白酒质量检测中的应用现状. 食品安全质量检测学报，2018，9（10）：2291-2297.

[53] Giovenzana V，Beghi R，Buratti S，et al. Monitoring of fresh-cut *Valerianella locusta* Laterr. shelf life by electronic nose and VIS-NIR spectroscopy. Talanta，2014,120：368-375.

[54] Hui G H，Jin J J，Deng S G，et al. Winter jujube（*Zizyphus jujuba* Mill.）quality forecasting method based on electronic nose. Food Chemistry，2015,170：484-491.

[55] 沈飞，吴启芳，姜大峰，等. 基于电子鼻技术的糙米黄曲霉毒素污染快速检测方法研究. 中国粮油学报，2017，32（6）：146-151.

[56] 刘亚雄，刘丛丛，庄玥，等. 基于电子鼻技术对调味品中非法添加罂粟壳的检测. 现代食品，2017，4（7）：81-85.

[57] 刘建林，孙学颖，张晓蓉，等. GC-MS 结合电子鼻/电子舌分析发酵羊肉干的风味成分. 中国食品学报，2021，21（5）：348-354.

[58] 岳玲，王海宏，颜伟强，等. 基于电子鼻技术的不同辐照方式后农产品特征风味分析. 食品安全质量检测学报，2021，12（15）：6009-6016.

[59] 张思聪，张振秋，李峰. 基于电子鼻技术分析生、制九香虫药材"气"特征. 中华中医药学刊，2021，39（6）：145-147，281，282.

[60] 宋丽，陈星星，谷风林，等. GC-MS 与电子感官结合对烟熏液风味物质的分析. 食品科学，2020，41（16）：193-201.

[61] 邝格灵，王新宇，李树，等. 基于电子鼻与气相色谱-质谱联用区分不同陈酿期恒顺香醋风味物质. 食品科学，2020，41（12）：228-233.

[62] 王雪梅，孙文佳，李亚隆，等. 不同产地鲜辣椒发酵郫县豆瓣的品质分析. 食品科学，2020，41（10）：213-221.

[63] 杨芳，杨莉，粟立丹. 基于电子鼻和气相-离子迁移谱对美人椒酱的风味分析. 食品工业科技，2019，40（23）：193-198，206.

[64] 彭旭怡，郑经绍，刘宇航，等. 基于电子鼻、顶空气相色谱-离子迁移谱分析比较不同杀菌处理紫米甜酒酿中的挥发性成分. 现代食品科技，2021，37（7）：259-268.

[65] 陈小爱，蔡惠钿，刘静宜，等. 基于电子鼻、GC-MS 和 GC-IMS 技术分析老香黄发酵期间的挥发性成分变化. 食品工业科技，2021，42（12）：70-80.

[66] 周容，袁琦，夏瑛，等. 电子鼻技术在兼香型白酒年份区分中的应用研究. 中国酿造，2020，39（8）：65-69.

[67] 赵慧君，胡事成，张振东，等. 基于电子鼻和 GC-MS 技术对山东成武和广西英家大头菜挥发性物质分析. 中国调味品，2021，46（7）：11-16.

[68] 易宇文，胡金祥，刘阳，等. 电子鼻和电子舌联用技术在评价酱油风味中的应用. 食品研究与开发，2019，40（14）：155-161.

[69] 马琦，伯继芳，冯莉，等. GC-MS 结合电子鼻分析干燥方式对杏鲍菇挥发性风味成分的影响. 食品科学，2019，40（14）：276-282.

[70] 郑舒文，陈卫华. 基于电子鼻和电子舌技术的鳕鱼鲜度评定. 中国调味品，2019，44（5）：164-169.

[71] 王蓉，孔丹丹，杨世海，等. 电化学生物传感器技术在重金属快速检测领域中的研究进展. 分析试验室，2019，38（11）：1366-1373.

[72] 李翠翠，李永丽. 近五年来电子鼻在食品检测中的应用. 粮食与油脂，2020，33（11）：11-13.

[73] Huang Y S，Shi T，Luo X，et al. Determination of multi-pesticide residues in green tea with a modified QuEChERS protocol coupled to HPLC-MS/MS. Food Chemistry，2019，275：255-264.

[74] Godoy A L P C，de Jesus C，Gonçalves R S，et al. Detection of allopurinol and oxypurinol in canine urine by HPLC/MS-MS：focus on veterinary clinical pharmacokinetics. Journal of Pharmaceutical and Biomedical Analysis，2020，185（21）：113204.

[75] 赵璐瑶，段晓亮，张东，等. 基于标志物的食品溯源技术研究进展. 中国粮油学报，2022，37（6）：186-193.

[76] 姜文华，韦立毅，邱晋，等. 超高效液相色谱-串联质谱法测定猪肉中 93 种兽药和违禁化合物. 现代预防医学，2020，47（8）：1477-1483.

[77] 郭萌萌，国佼，吴海燕，等. 通过式固相萃取-液相色谱-四极杆/静电场轨道阱高分辨质谱快速筛查鱼肉中全氟化合物及其前体物质. 分析化学，2016，44（10）：1504-1513.

[78] 高敏，孔兰芬. 固相萃取-高效液相色谱-串联质谱法同时检测鸡蛋及其制品中 8 种兽药残留. 食品安全质量检测学报，2021，12（16）：6377-6383.

[79] 李莉，李硕. UPLC-MS/MS 同时测定特殊医学用途配方食品中 8 种真菌毒素. 中国乳品工业，2021，49（8）：46-49.

[80] 刘瑜，张柏瑞，毕孝瑞，等. 超高效液相色谱-四极杆串联离子阱复合质谱法测定肉制品中非法添加的碱性工业染料. 食品安全质量检测学报，2021，12（16）：6343-6348.

[81] 徐媛原，林敏霞，李凯华，等. 超高效液相色谱-串联质谱法测定水产品中 50 种兽药残留. 食品安全质量检测学报，2021，12（16）：6384-6392.

[82] 陈卓，周楠，张培毅，等. 超高效液相色谱-串联质谱法同时测定小麦粉中 4 种新型非法添加剂. 食品安全质量检测学报，2021，12（16）：6417-6423.

[83] 林守二，郑仁锦，华永有，等. 超高效液相色谱-串联质谱法快速测定豆芽中 12 种植物生长调节剂的含量. 理化检验（化学分册），2021，57（8）：703-708.

[84] 谢慧英，袁娅，于晖，等. 同位素稀释-超高效液相色谱-串联质谱法同时测定婴幼儿谷类辅助食品中的 15 种真菌毒素和 6 种农药残留. 食品安全质量检测学报，2021，12（13）：5306-5313.

[85] 闫志光，田部男. QuEChERS-HPLC-MS/MS 法检测谷物源性运动食品中杂色曲霉毒素和黄曲霉毒素. 中国酿造，2021，40（6）：172-175.

[86] 王鸿雁. 固相萃取串联高效液相色谱检测谷物中杂色曲霉毒素. 农业科技与信息, 2017 (2): 29-31.

[87] 李浩. 免疫亲和柱层析净化-高效液相色谱法检测中药材中赭曲霉毒素 A. 中国药业, 2015, 24 (12): 62-64.

[88] 韩梅, 侯雪, 邱世婷, 等. QuEChERS-超高效液相色谱-四极杆/静电场轨道阱高分辨质谱测定蔬菜中 61 种农药残留. 农药, 2020, 59 (10): 743-749.

[89] 姚蕴恒, 白龙律, 武伦鹏, 等. QuEChERS/GC-MS/MS 测定人参中 41 种农药残留. 分析测试学报, 2020, 39 (4): 500-506.

[90] 刘士领, 汪震, 李成龙, 等. QuEChERS-超高效液相色谱-串联质谱法测定 7 种植物源性食品中氟唑菌酰羟胺残留. 农药, 2021, 60 (7): 500-503.

[91] 何巧玉, 刘静, 李春霞, 等. 基于网络药理学和指纹图谱的黄柏质量标志物预测分析. 中草药, 2021, 52 (16): 4931-4941.

[92] 李学学, 曹亚楠, 苏宏娜, 等. 西南委陵菜质量标志物初步研究及指纹图谱结合多元统计综合评价其质量. 中草药, 2021, 52 (12): 3696-3704.

[93] 张妤, 卢紫娟, 邢婕, 等. 晋产黑柴胡和北柴胡化学差异比较研究. 沈阳药科大学学报, 2021, 38 (6): 622-628.

[94] 孙冬梅, 罗思妮, 魏梅, 等. 不同基原大黄指纹图谱、多成分定量结合多元统计分析的质量评价研究. 南京中医药大学学报, 2021, 37 (1): 83-90.

[95] 李慧, 包永睿, 王帅, 等. 基于多元统计分析的茜草药材指纹图谱研究. 时珍国医国药, 2019, 30 (6): 1385-1388.

[96] 李冰, 郭祀远, 李琳, 等. 人工神经网络在食品工业中的应用. 食品科学, 2003, 24 (6): 161-164.

[97] 邱丽媛, 梁泽华, 吴鑫雨, 等. 基于模式识别和遗传神经网络算法的醋香附近红外光谱等级评价和含量预测模型研究. 中草药, 2021, 52 (13): 3818-3830.

[98] 陈卫, 张超, 孙磊, 等. 基于核苷类成分利用指纹图谱结合化学计量学方法鉴别 4 种半夏药材炮制品. 药物分析杂志, 2021, 41 (5): 919-928.

[99] 周炳文, 朱丽丽, 朱林, 等. 基于人工智能-多元多息指纹图谱探索中药一法通识品种鉴定新方法. 分析测试学报, 2021, 40 (1): 106-111.

[100] 马雯芳, 王美琪, 姜建萍, 等. 基于 BP 人工神经网络分析滇桂艾纳香止血作用谱效关系. 中成药, 2020, 42 (6): 1543-1548.

[101] 蓝振威, 季德, 王淑美, 等. 电子鼻融合 BP 神经网络鉴别生、醋广西莪术及姜黄素类成分的含量预测. 中国中药杂志, 2020, 45 (16): 3863-3870.

[102] 徐东, 陶欧, 林兆洲, 等. 基于机器学习方法中草药电子鼻智能鉴别分类器的优化. 中华中医药学刊, 2017, 35 (9): 2323-2325.

[103] 柳倩, 桂建军, 杨小薇, 等. 工业机器人传感控制技术研究现状及发展态势: 基于专利文献计量分析视角. 机器人, 2016, 38 (5): 612-620.

[104] 吴学彦, 韩雪冰, 戴磊. 基于 DII 的转基因大豆领域专利计量分析. 中国生物工程杂志, 2013, 33 (3): 143-148.

[105] 周亦斌, 王俊. 电子鼻在食品感官检测中的应用进展. 食品与发酵工业, 2004, 30 (2):

129-132.

[106] 周云全，刘春宇，曲冠男，等. 农药辛硫磷的密度泛函理论计算及拉曼光谱分析. 原子与分子物理学报，2020，37（3）：331-336.

[107] Darwish S M，Shendi T A，Younes A. Chemometrics approach for the prediction of chemical compounds' toxicity degree based on quantum inspired optimization with applications in drug discovery. Chemometrics and Intelligent Laboratory Systems，2019，193：103826.

[108] Zhou P，Leydesdorff L. The citation impacts and citation environments of Chinese journals in mathematics. Scientometrics，2007，72（2）：185-200.

[109] Adams J，King C. Global Research report-Russia：research and collaboration in the new geography of science. Science Focus，2010，5（3）：1-13.

[110] Moiwo J P，Tao F L. The changing dynamics in citation index publication position China in a race with the USA for global leadership. Scientometrics，2013，95（3）：1031-1050.

[111] Zhang H，Patton D，Kenney M. Building global-class universities：assessing the impact of the 985 Project. Research Policy，2013，42（3）：765-775.

[112] Bound K，Saunders T，Wilsdon J，et al. China's absorptive State：research, innovation and the prospects for China-UK collaboration. Nesta，2013.

[113] 吕观，常彦磊，石磊. 免疫磁珠-环介导等温扩增快速检测牛肉中的鼠伤寒沙门氏菌与金黄色葡萄球菌. 肉类研究，2019，33（7）：42-48.

[114] Yin M Y，Wu C，Li H J，et al. Simultaneous sensing of seven pathogenic bacteria by guanidine-functionalized upconversion fluorescent nanoparticles. ACS Omega，2019，4（5）：8953-8959.

[115] 李慧琴，黄亚娟. 食源性病原微生物快速检验技术的应用与研究进展. 食品安全质量检测学报，2019，10（16）：5369-5375.

第2章 基于感官的食药安全检测技术

目前，食药质量安全研究领域主要采用的检测技术是高效液相色谱、气相色谱、TLC 及质谱等。色谱和质谱联合使用通常用于分析食药中的农药残留[1]，主要成分的定性当量是通过高效液相色谱检测得到的。基于感官的食药质量分析是一种直观、古老的研究手段，可以得到样品的整体信息。感官分析具有实用性强、易操作、费用低等特点，因此在众多检测案例中有应用。

本节主要介绍了智能感官检测技术，这类检测技术主要是构建传感器阵列来模拟口、鼻、耳、眼，并结合计算机识别系统对采集到的信号进行处理。电子耳主要用于帮助有听力障碍的人群，常用在医疗领域；电子眼在生活中较为常见，电子眼摄像头就是简单地模拟人类眼睛的设备，实验室中常见的电子眼如在食药质量安全检测领域中应用的色度计、分光光度计等。本章中所提到的电子眼是指计算机视觉图像分析仪。此外，智能感官检测技术包括电子鼻和电子舌。电子鼻和电子舌的检测原理以及目前对其报道的一些应用，在本章中也有一些简要的介绍。由于食药安全日益受到人们的重视，我们尝试将电子鼻应用于奶粉和中药材的检测。首先，我们将电子鼻用于检测不同产地的连翘，利用 PCA 法处理电子鼻采集到的信号，这种信号能够将一种产地的连翘与其他三种产地的相区分，但是四种产地的连翘不能够逐个鉴别。在此研究基础上，我们进而对不同产地的奶粉进行鉴别，利用多种数据处理的方法分析电子鼻数据，结果表明进口奶粉和国产奶粉能够很容易地区分开。其次，我们利用电子舌技术区分不同产地的奶粉，通过傅里叶变换和离散余弦变换数据分析法处理数据，结果表明奶粉的电子舌数据更易分类。最后，我们简单地考察了电子眼在食品质量安全检测中的应用，电子眼基于深度学习的方法可以直接从训练数据中学习图像的特征，从而检测核桃中的杂质。

2.1　感官特性和智能感官检测技术及应用

2.1.1　感官特性

质量检验方法通常分析食品的感官特性、理化指标和卫生指标。感官特性基本是通过眼、鼻、口测试食品得到，这是一种古老的方法。古时候，人们就意识到可以利用自身得到食物、药材的基本信息。例如，人们观察到果实如果色泽均匀一致，且具有食品固有的滋味和气味，无异味，就认为其可以食用。随着时代的进步，人们发现仅凭视觉、嗅觉及味觉得到的信息，较为片面。食品药物的深层信息需要借助于仪器测试得到，食品之间主要成分的细微差别需要借助仪器，有害残留的定量也需要借助仪器。

2.1.2　基于感官的智能检测技术

传统的感官分析的方法能够得到食品的整体信息，但主观依赖性强，判断结果随着年龄、性别、识别能力及语言文字表达能力的不同存在相当大的个体差异，即使是同一分析者也随其经验、身体状态、情绪及环境的不同而产生不同的结果；并且鼻子、舌头对气味和口感具有适应性，容易出现疲劳而影响判别结果。理化指标和卫生指标的控制则需要进行一系列嗅觉与味觉的测试。传统检测的这些特点导致准确性难以保证。因此，急需一种客观的感官检测手段出现，来表征食品的感官特性。随着材料学、信息学及电化学等多学科的发展，模拟味觉/嗅觉的电子舌/电子鼻开始出现，可以将其用于分析食品药品的特性。

1. 电子鼻的工作原理

人体的嗅觉主要是对某种气体或者具有挥发性的物质的一种生理反应。电子鼻的检测原理是模拟生物的嗅觉系统，对气体进行感知、分析和判断。动物和人的嗅觉系统结构有三个层次：第一，初级嗅觉神经元，它由嗅上皮感受器组成，能够捕捉到气体，具有灵敏性；第二，二级嗅觉神经元，其由嗅小球、僧帽细胞、线粒细胞等组成，这些结构可以对结合到的气体进行初步识别、响应；第三，经二级嗅觉神经元传来的信号传到大脑皮层进行处理和判断。相应地，如图 2-1 所示，电子鼻系统的构造也可分为三个层次：第一，气敏传感器阵列，其具有广谱响应特性，相当于初级嗅觉神经元，交叉灵敏度大，由对不同气体进行响应的传感器件组成，对气体进行吸附、解析或进行反应，并产生电信号，这一步主要是将化学信号转换成电信号；第二，调理电路及数据采集系统，其将传感器阵列产生的电信号进行放大、模数转换器（analog to digital converter，A/D）转换、采集和传输，相当于二级嗅觉神经元；第三，计算机及模式识别系统，其相当于动物和人的大脑，对信号进行高级的识别，做出最终的辨别。现有的一些常用的食药分析仪器，如高效液相色谱、质谱等，操作烦琐，测定时间长，需要化学试剂，要求操作人员操作熟练，得到的是食品中某种或某几种主要化学成分的信息，不是食品质量的整体信息。电子鼻仪器，操作比较简单，设备轻便，便于使用。

图 2-1　电子鼻工作原理示意图

2. 电子舌的工作原理

电子舌（electronic tongue）是一种模拟人类味觉感受机制，以传感器阵列检测样品信息，结合模式识别对被测样品整体品质进行分析检测的现代化仪器。类似于电子鼻，它主要由味觉传感器（类脂质膜）、调理电路及数据采集系统和模式识别系统（神经网络模式识别/混沌识别）三个部分组成（图 2-2）。电子舌模仿生物味觉感受机制，味觉的产生源于舌头上的、被称为"味蕾"的味觉感受器。味蕾由几十个味细胞构成，味细胞的膜电位通常在 30～50 mV，如果在舌头表面放置有味道的物品，则味细胞的膜电位会发生变化。一旦产生这种感受器电位变化，刺激就会从味细胞传递到味神经，味神经就会产生脉冲放电，味道不同，产生的刺激强度也不同。大脑根据这些刺激强度的不同得出食品的特征。电子舌系统中的传感器阵列相当于生物的舌头，感受不同的化学刺激，产生信号，传输给信号收集系统。信号采集系统进一步分析这些信号，得到食物的特性。电子舌是用类脂质膜作为味觉物质换能器的味觉传感器：它能够以类似人的味觉感受方式检测出味觉物质。

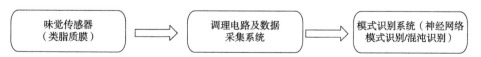

图 2-2　电子舌工作原理示意图

3. 电子眼的工作原理

电子眼属于一种视觉分析仪，通过模拟人眼对样品的感知，分析样品的整体颜色、形貌等特征，随后通过数据分析方法对采集到的图像进行分析，提供稳定的图像攫取环境，保证图像在相同条件下进行特征提取，从而可以挖掘出样品的深层信息。这种检测方法具有操作快、简单、可重复性强等优点。目前此技术已应用于水果成熟度鉴别、肉类新鲜度评价、中药材真伪鉴定、质量等级区分、中药炮制等领域。目前市场上的电子眼装置主要有色度计、分光光度计等。

2.1.3　智能感官技术在食药质量安全检测中的应用

1. 乳制品

近年来，我国乳制品行业发展迅速，成为世界上乳业生产增长最快的国家之一。然而，随着乳制品的发展壮大，其质量安全问题日益受到人们的关注，尤其是乳制品污染等事件的发生，使消费者的信心受到极大的打击，直接导致人们对乳制品及乳品生产企业的信任危机。因此，需要更为准确、灵敏的检测体系用于乳制品行业的监管。目前，乳制品常用的检测方法大致分为三类：生物测定法、免疫法、理化分析法。但是都存在很多缺点，如检测时间长，样品前处理步骤烦琐，试剂成本较高等。

电子传感检测技术是模拟人的生物器官得到样品的整体信息，可用于乳制品的品质分级、添加剂及有害残留物的分析。肖涛等考察了不同的包装对乳制品质量的影响，采取平均微分值法提取特征信息区分了不同包装的牛奶[2]。杨姗姗等采用电子舌和高通量测序两种快速检测技术，对五个不同温度以及不同储藏时间的巴氏奶进行感官品质和细菌多样性分析，研究储藏温度、时间对细菌种类及乳制品质量的影响[3]。

2. 中药材

中药在我国历史悠久，由于疗效较好，中成药在医药领域占有很大的比例。然而，中药材产地较多，不同产地的药材药效不同，价格不同。因此有不法分子为了牟利，以次充好，严重扰乱了中药材市场。所以，寻找一种快速鉴别中药材质量的方法是很有必要的。感官分析是中药传统鉴别方法中的主要手段之一，但其存在较大的主观性。智能感官检测技术目前已广泛应用于中药领域，包括鉴别药材的种类、产地、采收及贮存时间、炮制程度，以及评价中药五味及其药效物质基础、掩味效果、中药质量等，为中药材或中药制剂的质量控制与评价提供科学有效的技术手段。

高红慧等利用伏安型电子舌技术分析四种东北常见的中药材，采用差分脉冲伏安法和方波伏安法采集信号，并用 PCA 法分析电子舌数据[4]。然而，研究人员区分同一个品种不同产地的中药材是一个艰难的挑战。伍世元等利用电子鼻技术采取中药材的气味信息，利用 PCA+LDA 对样品信息特征进行分类，最后利用欧氏距离、马氏距离对未知样品进行鉴定[5]。张晓等采用电子眼（视觉分析仪）分析技术研究穿心莲药材粉末的颜色，采用 PCA 以及 Pearson 相关系数分析处理样品的电子眼数据，进而对穿心莲药材进行评价[6]。

3. 其他食品

电子感官仪器除了在乳制品和中药材中的应用，还在许多食品检测中有所应用。近年来，电子传感技术受到了越来越多的相关科研者的关注，在肉类、酒、饮料等领域得到广泛的应用。为了对不同储藏年份的红酒进行辨别分析，缪楠等将多种数据模型结合，对四种不同年份的红酒电子舌数据进行特征提取[7]。刘建林等利用气相色谱-质谱以及电子鼻、电子舌联用对发酵羊肉干的成分进行鉴定，找出不同风味对应的化学成分[8]。韩伟和曾庆山利用电子眼通过对水果图像进行分割，提出了一种水果直径检测的快速算法，这种方法可以根据直径对水果进行分级[9]。

2.1.4　小结

1. 智能感官技术在食药安全检测中的局限性

电子鼻/电子舌的核心部件是传感器，其可以快速地对待测样品进行检测，并且得到样品的整体信息。因此，电子舌、电子鼻这种仿生仪器被用于众多检测领域中，如食品、环境、医疗卫生及军事等领域，然而，首先，由于传感器检测范围较广，检测特异性差，电子鼻/电子舌不能适用于所有的检测体系中。专门的检测体系，如对烟草和酒、饮料等的检测应发展特定的检测器，以得到样品更为全面具体的信息。其次，智能传感器得到的数据较为复杂，需要发展更为先进的数据方法，这需要计算机科学领域的发展。最后，目前实验室常用的电子鼻/电子舌仪器比较沉重，使用起来较为烦琐，不适用于野外或者实际工厂中一些样品的检测，将来或许可以结合材料和芯片领域的发展，构建掌上便携式的小型检测仪器。

2. 展望

随着材料学、电化学、芯片行业的发展，未来电子鼻/电子舌可以构建灵敏性、特异性更强的小型便携式仪器。计算机行业的快速发展使电子鼻/电子舌的模式识别系统更为清晰，数据处理也更加灵敏，且可以得到样品的复杂信息，因此适用于更多的检测体系中。

2.2　基于电子鼻鉴别不同产地的连翘

中药材的不同生长条件会影响其质量和产量，与其他地区所产的同种中药材相比，道地药材的疗效更好、质量更稳定[10]。目前，市场上存在中药材的异地引种、以次充好等现象，因此，需要一种方法鉴别中药材的原产地。传统的中药材检测是有经验的专家通过看形状、闻气味、尝味道来判断其道地性。这种方式虽然比较直观、简单，但是辨别者的主观原因，可能会造成一些偏差。急需一种可以方便、快速判断药材产地的检测方法，目前现有的一些检测手段如高效液相色谱、质谱等仪器手段虽然能够分析中药材的主要成分及有效成分等信息[11]，但是仪器设备比较昂贵，操作相当烦琐，并且很难快速得到中药材的整体信息。电子鼻是由具有交叉敏感特性的传感器阵列和适当的模式识别算法系统组成的仪器，能识别单一和混合气体。它具有客观性强、重现性好、操作简单等优点，更重要的是对样品的测定可以做到不失原本性、无损性，能像人类鼻子一样获得样品气味的整体信息，即气味指纹图谱[12]。电子鼻模拟人类的嗅觉，可以提取到中药材的特征信息，从而判别药材的产地。本节利用电子鼻测试不同产地的连翘，气敏传感器对连翘中的挥发气体敏感程度不一样，因此得到的电子鼻信号不同，将采集到的信号进行分类就可以区分连翘的产地。

2.2.1　实验部分

1. 仪器

电子鼻传感器阵列通常由多个气敏传感器构成，在结果显示形式上，电子鼻检测直接得到的数据是信号强度随时间变化的图谱，传感器阵列得到的是多条曲线。实践中我们常用的一种电子鼻是由 S1 至 S14 共计 14 个气敏传感器组成，如

表 2-1 所示，不同的传感器能够对不同的化合物进行响应。基于此种特性，电子鼻可用于食品、环境等多个领域。

表2-1　气敏传感器阵列

传感器序号	敏感气体
S1	氨气、胺类
S2	硫化氢、硫化物
S3	氢气
S4	乙醇、有机溶剂
S5	甲苯、丙酮、乙醇、甲醛、氢气和其他有机蒸气
S6	甲烷、沼气、天然气
S7	甲烷、丙烷、异丁烷、天然气、液化气
S8	香烟的烟雾、烹调臭味、VOC、氨气、硫化氢、乙醇
S9	丁烷、丙烷、甲烷、液化气、天然气、煤气
S10	液化石油气、可燃气体、丙烷、丁烷
S11	丙烷、烟雾、可燃气体
S12	一氧化碳、乙醇、有机溶剂、其他挥发性气体
S13	烟气、烹调臭味、氢气、一氧化碳、空气污染物
S14	甲烷、天然气

2. 样品前处理

购买产自山西、河南、陕西、湖北的连翘粉末样品，称取 4 种连翘粉末样品各 2 g 分别置于 50 mL 的离心管中，用专用封口膜密封，静置 60 min，用 10 mL 针筒从样品杯中抽取 10 mL 气体，缓慢匀速推入进样口，进行电子鼻检测。

3. 实验步骤

（1）将电子鼻传感器阵列清洗 20 min，进行预热。

（2）以连翘电子鼻待检测样品为检测对象，分别用 10 mL 针筒从中抽取 10 mL 气体，缓慢打入电子鼻进样口中，进行检测。

（3）每次进样之前，对电子鼻传感器阵列进行 120 s 的清洗，每种样品重复 6 次平行。为了减小实验累积误差，所有样品以交叉方式进行实验。

2.2.2　结果与讨论

1. PCA 法

从气敏传感器的响应曲线上可以提取多种特征。在预测时，这些特征的有效性各不相同，通过对特征进行选择，可以在降低预测模型的时空复杂度的同时提高其准确性。更重要的是，它可以帮助我们更好地理解数据。PCA 是电子鼻系统中常用的一种模式识别方法，其基本思想是基于最小均方构造原始变量适当的线性组合，以产生一系列互不相关的新变量，从中选出少量几个新变量并使它们含有足够多的原始变量信息，从而可以用这几个新变量代替原始变量来分析问题[13]。因此，利用 PCA 可以用为数较少的、相关度不大的新变量来反映原来多传感器的响应信息，降低特征空间的维数。

2. 连翘产地区分

通过四个不同产地连翘的 PCA 结果（图 2-3），我们可以看出，DI 值为负值，四个样品的主成分很难被区分开。DI 值代表主成分之间的差异性，也就是说，DI 值越大，待测样品的差异性越大。PCA 图中同一个样品数据点聚集在同一个区域，不同的样品很容易被区分开。然而，我们从 PCA 图上可以看到，陕西的连翘和其他三个产地的连翘有较大的差异。首先，这种差异性可能是陕西的经度相对于河南、湖北及山西较低，地理环境气候差别较大，从而导致连翘的特征区别于其他产地。其次，考虑到样品测试的数量较少，或许可以通过增加测试的次数、样品的个数，得到更多的信号，用来分析连翘的特征。最后，仪器的灵敏性及数据处理方法的选择可能存在一定影响。通过改进仪器、更新计算机算法，有可能将电子鼻采集到的中药材数据区分开。

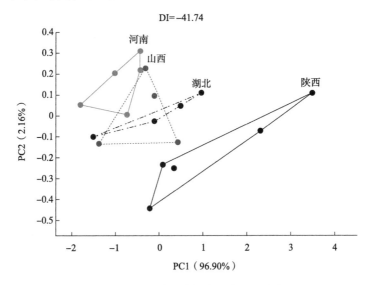

图 2-3　四个产地连翘电子鼻 PCA 图

2.3　电子鼻和多种算法模型融合区分国产/进口奶粉

随着社会的进步和经济发展，世界各国对婴幼儿奶粉的重视程度越来越高。不同阶段的奶粉适合不同年龄段的婴幼儿。每个阶段的奶粉的营养物质和微量元素的添加也是不尽相同的，因此，气味也有一定的差别[14]。不同品牌的奶粉用的奶源不同，使用的配料比例也有差异，造成了婴幼儿奶粉味道的差异，这种差异难以用感官来评价[15]。电子舌和电子鼻相结合，可对样品的滋味和气味进行综合评价。目前，已有电子舌和电子鼻技术用于奶粉检测的报道，钱敏等采用电子舌和电子鼻技术，结合 PCA 和雷达图，对不同品牌以及同一品牌不同段数的婴幼儿奶粉进行了检测，以期为婴幼儿奶粉的深入研究和电子舌与电子鼻的进一步实际应用提供依据[16]。电子舌和电子鼻可以将不同品牌以及同一品牌不同段数的婴幼儿奶粉区分开，可以很好地应用在奶粉检测中。国内外奶粉的口味不一样，这可能是由奶源差异、配料比例不同、加工处理方式差异等引起的[17]。进口奶粉在国内市场普遍价格较高，因此，有些不良商家为了追求利益，将国内奶粉贴上进口标识进行售卖，消费者难以区分[18]。

以往的报道中，大多是采用电子舌检测奶粉样品，因为奶粉的挥发气体浓度偏低，电子鼻不容易区分开。本节利用电子鼻采集数据，随后对信号进行一维傅里叶变换、离散余弦变换以及卷积核多种数据处理，可以将国产与进口的奶粉样品进行区分。

2.3.1　实验部分

1. 仪器

采用浙江工商大学食品与生物工程学院自主研发的电子鼻仪器。

2. 实验步骤

1）奶粉样品前处理

称量 5 g 奶粉，放入 50 mL 的离心管中，用作电子鼻样品。国产和进口奶粉分别准备 4 个平行的样品，每个样品重复测试 6 次。

2）实验步骤

具体电子鼻实验步骤参照 2.2.1 节。

2.3.2　结果与讨论

通常文献中报道的电子鼻数据处理的方法是对采集到的波谱图进行特征提取，然后通过 PCA 进行分类。如图 2-4 所示，通过常规的 PCA 法处理电子鼻采集到的奶粉样品的数据，分析结果不太理想。8 个样品的主成分重叠在一起，不能够被区分开。因此，我们尝试利用多种数据处理方法分析电子鼻采集到的奶粉数据，提取其特征，用于区分国产和进口奶粉。

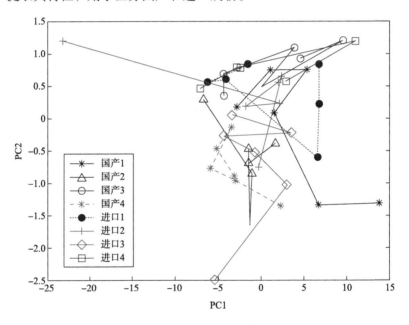

图 2-4　8 个奶粉样品电子鼻 PCA 图

由于原始的电子鼻数据是多个通道的传感器阵列所产生的信号强度随时间响应的曲线，每一个检测样品所产生的数据在响应时间（进样时）上都不是对齐的，所以为了进行横向的比较，首先需要对这些数据进行对齐。我们实验了多种对齐的算法：第一种是基于卡方相关性的，第二种是基于相关联，第三种是特征峰对齐。对比选择最优的对齐算法，对齐后截取相同长度的序列。

与拉曼光谱和飞行时间质谱不同，电子鼻数据反映的是信号强度随时间变化的响应趋势，因此，我们更加关注的是曲线随时间变化的一些动态特征。为此，我们设计了多种特征提取方法，并进行了对比。

1. 级联长向量

我们直接将各个传感器通道的数据拼接成一个长的向量作为特征。这种方法相当于没有做任何的特征提取，而是直接使用原始的特征。由图 2-5 可以看出，两种奶粉的区分度较差，区分度仅为 0.611，不能被区分开。

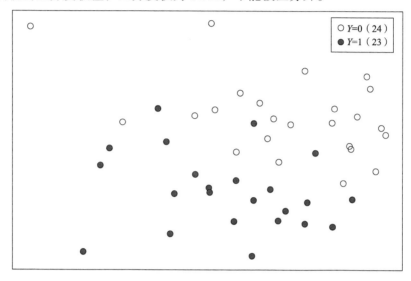

图 2-5　级联长向量分析电子鼻采集奶粉信号
Y 表示类别属性，0 表示国产奶粉（共 24 个样品），1 表示进口奶粉（共 23 个样品）

2. 基本特征提取

用于提取原始波形数据的一些数学特征或统计量，包括曲线下面积（area under curve，AUC）、曲线的最高峰的高度、一阶导数的 AUC 及其最大值和最小值、二阶导数的 AUC 及其最大值和最小值。AUC 被定义为受试者操作特征（receiver operator characteristic，ROC）曲线下与坐标轴围成的面积，显然这个面积的数值不会大于 1。又由于 ROC 曲线一般都处于 $y=x$ 这条直线的上方，AUC 的取值范围在 0.5 和 1 之间。AUC 越接近 1.0，检测方法的真实性越高；AUC 等于 0.5 时，则真实性最低，无应用价值。经过奶粉的电子鼻信号基本特征提取，大致能对奶粉样品进行一定的类别区分，分值在 0.655，电子鼻采集奶粉信号的基本特征提取如图 2-6 所示，但是仍不能完全将两个产地的奶粉样品分开。

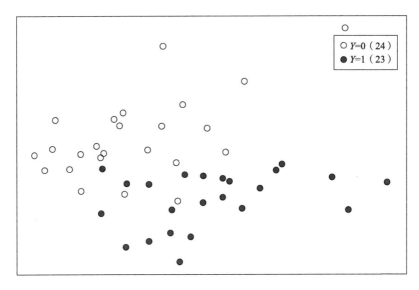

图 2-6　电子鼻采集奶粉信号的基本特征提取

3. 离散傅里叶变换

对原始各个通道的波形进行频域转化，即进行离散傅里叶变换（discrete Fourier transform），离散傅里叶变换分析电子鼻采集奶粉信号如图 2-7 所示。然后选取频域中的前 5%的低频变量作为提取的特征局部区域一维傅里叶变换特征，提取图像的频率是表征图像中灰度变换剧烈程度的指标，是灰度在平面空间上的梯度。灰度变换缓慢的区域，对应的频率值很低；灰度变换剧烈的区域，对应的频率值较高，从物理效果看，傅里叶变换是将图像从空间域变换到频率域。其逆变换是将图像从频率域转换到空间域，换句话说，傅里叶变换的物理意义是将图像的灰度分布函数变换为频率分布函数，傅里叶逆变换是将图像的频率分布函数变换为灰度分布函数。通常傅里叶变换在图像特征提取的应用主要包括利用傅里叶变换描述子表征形状特征或直接通过傅里叶系数来计算纹理特征。这些应用都需要对图像进行二维傅里叶变换得到频谱图，频谱图上的各点与图像上各点并不存在一一对应的关系。此处则是对图像某局部区域进行行或列方向上的一维离散傅里叶变换，再对该频谱结果进行列或行方向上的叠加。一维离散傅里叶变换公式如下：

$$F(u) = \frac{1}{M} \sum_{x=0}^{M-1} f(x) \mathrm{e}^{-\mathrm{j}2\pi ux/M}, \quad u = 0,1,2,\cdots,M-1$$

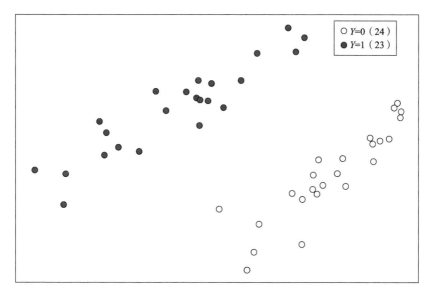

图 2-7　离散傅里叶变换分析电子鼻采集奶粉信号

4. 离散余弦变换

与第三种方法类似，通过离散余弦变换（discrete cosine transform，DCT），选取频域中的前 10%的低频成分，作为提取的特征，离散余弦变换分析电子鼻采集奶粉信号如图 2-8 所示。离散余弦变换是与傅里叶变换相关的一种变换，它类似于离散傅里叶变换，但是只使用实数。离散余弦变换相当于一个长度大概是它长度两倍的离散傅里叶变换，这个离散傅里叶变换是对一个实偶函数进行的（因为一个实偶函数的傅里叶变换仍然是一个实偶函数），在有些变换里面需要将输入或者输出的位置移动半个单位(离散余弦变换有 8 种标准类型，其中 4 种是常见的)。

一维离散余弦变换表达式如下：

$$F(u)=c(u)\sum_{i=0}^{N-1}f(i)\cos\left(\frac{i+0.5\pi}{N}u\right)$$

$$c(u)=\begin{cases}\sqrt{\dfrac{1}{N}}, & u=0 \\[2mm] \sqrt{\dfrac{2}{N}}, & u\neq0\end{cases}$$

其中，$f(i)$表示原始的信号；$F(u)$表示离散余弦变换后的系数；N 表示原始信号的点数；$c(u)$可以被认为是一个补偿系数，它可以将离散余弦变换为正交矩阵。

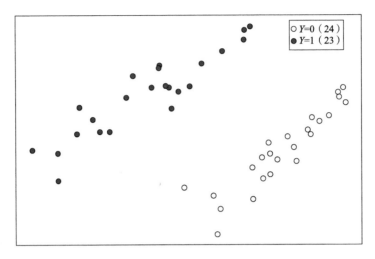

图 2-8　离散余弦变换分析电子鼻采集奶粉信号

5. 一维卷积核（拉普拉斯变换）

处理信号时，给定输入信号数据，其被划分成若干小区域，将数据依次进行加权平均运算，得到新的特征矩阵。权值由一个函数定义，这个函数称为卷积核，卷积核分析如图 2-9 所示。采用拉普拉斯核作为卷积核，与原始信号进行卷积运算，可以得到卷积核提取的新特征。

拉普拉斯核的公式如下：

$$K(v_1, v_2) = \exp(-\frac{\| v_1 - v_2 \|}{\sigma})$$

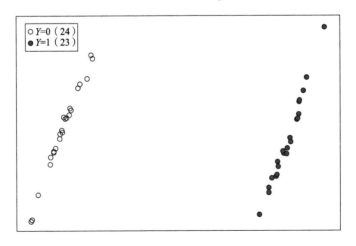

图 2-9　一维卷积核分析电子鼻采集奶粉信号

偏最小二乘回归（partial least squares regression，PLSR）是一种监督式方法，包含了 PCA、典型相关分析的思想。利用偏最小二乘法降维的目的是使提取后得到的特征变量不仅能很好地概括原始变量的信息，而且对因变量有很强的解释能力。具体过程为分别从自变量和因变量中提取成分 T、U（偏最小二乘因子），保证 T、U 能尽可能多地提取所在变量组的变异信息，同时保证二者之间的相关性最大。偏最小二乘法把 m 个主成分作为新的变量集，在此基础上进行最小二乘回归，所以响应变量起到了调整各主成分参数的作用。偏最小二乘回归可以较好地解决样本个数少于变量个数的问题，并且除了考虑自变量矩阵外，还考虑了响应矩阵。通过级联长向量、基本特征提取、离散傅里叶变换、离散余弦变换以及一维卷积核等五种方法提取特征后，采用偏最小二乘法降维，观察可分性。发现用离散傅里叶变换、离散余弦变换及一维卷积核方法的结果可分性都非常高，在线性分类器上基本上达到了 100% 的分类准确率，明显优于原始特征。

本节主要是利用离散傅里叶变换、离散余弦变换及一维卷积核三种数据处理方法，分析电子鼻传感器收集到的奶粉样品信号，提取其特征，由图示结果可以明显看出，实验进口和国产奶粉样品得到了有效区分。多种数据处理的模式有望为电子鼻信号分析提供更多的可能。

2.4　电子舌和多种算法模型联用鉴别奶粉产地

近年来，随着生活水平的提高，人们对食品安全的关注程度也越来越高，而食品的原产地来源成为众多消费者关注的焦点[19]。国外一项评估报告表明，绝大多数的消费者在购买产品时，会将食品的原产地作为他们是否购买的主要因素[20]。奶粉中含有很多的营养成分，如矿物质、维生素和微量元素等。经常喝奶粉有助于身体健康，并且可以改善睡眠状况[21]。但是，食品安全事件严重影响了消费者的选购行为，有研究表明，相较于国产奶粉，部分消费者盲目倾向于购买荷兰、新西兰等进口奶粉[22, 23]。国内的某些不良厂家为了追求利益，将其生产的奶粉贴上进口标签，以高价售卖，欺骗消费者。为了保障乳制品行业的良性发展和消费者的权益，急需对奶粉的原产地进行溯源。电子舌作为一种智能检测仪器，具有无损、检测速度快以及能够得到样品的整体信息等特点，在食品安全中已有诸多应用[24]。

在以往实验的基础上，我们利用电子舌检测国产和进口的奶粉，通过傅里叶变换以及离散余弦变换对电子舌数据进行特征提取，可以将国产与进口奶粉样品很好地区分开。

2.4.1　实验部分

1. 仪器

采用浙江工商大学食品与生物工程学院研制开发的电子舌，这种仿生传感器由以下三部分构成：传感器阵列、多频脉冲扫描仪和电脑。电子舌的电极是电化学反应中常见的三电极模式，参比电极为 Ag/AgCl 电极，盐溶液为饱和 KCl，工作电极是一系列的金属电极阵列（直径为 2 mm 的铂电极、金电极、钯电极、钛电极、钨电极及银电极），1 mm × 5 mm 的铂柱电极作为辅助电极，通过六通道多频大幅脉冲信号激发采集装置使工作电极逐个对溶液进行多频大幅脉冲伏安法扫描。电子舌仪器是在商用的 Winquist 的脉冲伏安型电子舌基础上，改进与扩充了 1 Hz、10 Hz、100 Hz 的脉冲频率段刺激信号。多频脉冲的激励下的三电极体系可以反映物质不同电位下电化学特征，同时还呈现了物质在不同频段下的响应特征。

本节中的电子舌采用多频脉冲（1 Hz、10 Hz、100 Hz）来采集样品的电化学信息，采集速率为每隔 1 ms 收集到 1 个电化学信号。从中选取数据的 4 个特征值，即对于每个相应电流脉冲信号提取其最大、最小和两个拐点的特征值。多频脉冲伏安法是以常规脉冲伏安法作为基元模式，增加了不同脉冲频率段上的阶段性变化，缩短了以往的电子舌脉冲伏安法的采样间隔。这不仅可以消除各个频率刺激的响应迟滞的干扰，而且大大地丰富了电子舌采集样品的数据量，可适用于具有特异性和非特异性体系。这种电子舌具有响应速度快、响应谱信息量大、适宜智能化等优点，能够更好地反映奶粉的综合信息。

2. 实验步骤

1）奶粉样品前处理

称量 10 g 国产奶粉，放入 100 mL 的离心管中，配制成水溶液，此为 1 个样品。同样方法配制国产奶粉的 4 个样品，用于平行实验。将 1 份国产奶粉溶液均分在 6 个电子舌专用检测烧杯中，用于电子舌实验。所用的水均为纯净水。奶粉的水溶液均是常温下新鲜配制的。进口奶粉样品的配制和国产奶粉一样。

2）多频脉冲参数设置

电位在–1V 到 1V 之间，采样间隔为 100 mV。将电子舌通过传感器阵列分别用同样的方法对同一产地的 4 份奶粉溶液进行 6 次平行检测。为了减小误差，检测过程交叉进行。

3. 数据处理方法

通常采用 PCA 法处理奶粉的电子舌数据，实现对奶粉产地的区分鉴别。提取电流采集信号的最大值、最小值和拐点值作为检测样品的变量，以横坐标代表样品，纵坐标代表变量，将不同电极、不同频率段的数据分别保存成数据表格，进行 PCA。

2.4.2 结果与讨论

通常电子舌采集到的信号是电位随时间的变化，如图 2-10 所示。与电子鼻数据不同，电子舌采集到的数据无须对齐。电子舌采集到的奶粉原始电位信号维数（500 000）非常高，我们在数据加载过程中进行二次采样。

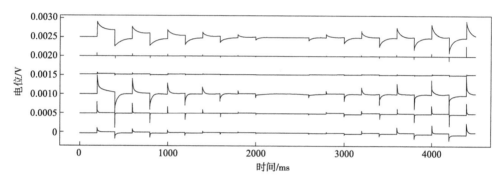

图 2-10　电子舌采集的奶粉样品原始信号

与质谱、光谱不同，电子舌的原始数据是各个传感器对周期性脉冲电压的衰减信号，反映了时间响应特性。我们设计以下数据处理方法对变换域中的低频特征进行提取，如离散傅里叶变换及离散余弦变换。利用这两种数据处理方法选取电子舌的低频信号进行分析。

1. 长向量特征提取

我们首先用常规的数据处理方法进行特征提取，经过 PCA 法降维后的数据采用级联长向量方法进行处理。SVM 是最常用的二分类机器学习方法，其进行二分类的核心思想是在核函数的约束下，找到特征空间的最佳分离超平面，使得样本之间的间隔最大。这是处理小样本、非线性、高维度数据的最佳方法。取国产奶粉和进口奶粉各 4 个样品建立训练模型，每个样品取 6 个数据，共对 48 个采样数据进行预测，利用级联长向量对有无经过滤波器处理的图像数据的均方差值进行训练建模和预测。训练建模结果如图 2-11 所示，国产奶粉和进口奶粉大致可以区分出，但是还是有一部分特征重合。

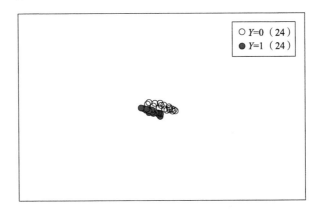

图 2-11　级联长向量分析经 PCA 降维后的电子舌信号

2. 离散傅里叶变换特征提取

为了进一步将奶粉样品区分开，我们尝试利用一维傅里叶变换经过 PCA 降维后的电子舌数据。对原始的电子舌各个传感器的特征数据进行频域转化，即进行离散傅里叶变换。然后选取频域中的前 1%的低频变量作为提取的特征局部区域。结果显示，离散傅里叶变换经过 PCA 降维后的电子舌数据很明显地分成了两类，如图 2-12 所示。

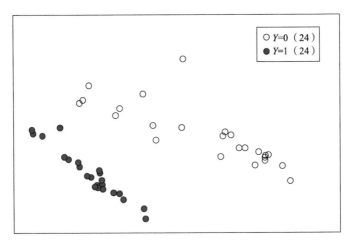

图 2-12　离散傅里叶变换经 PCA 降维后的电子舌信号

3. 离散余弦变换特征提取

接着，我们又对离散余弦变换经 PCA 降维后的电子舌数据进行分类。离散余弦变换是局部线性变换的一种，它能够把图像分为不同的空间频率，子频率空间的系数可以组成新的特征，该特征能够很好地表示原图像的规律性和复杂度。与傅里叶变换类似，离散余弦变换也能将电子舌的奶粉样品数据区分开，如图 2-13 所示。

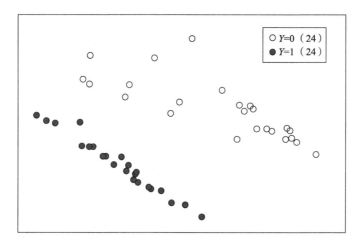

图 2-13　离散余弦变换经 PCA 降维后的电子舌信号

经过 PCA 降维可视化，奶粉样品的电子舌信号原始信息可分性较差。利用离散傅里叶变换或离散余弦变换分析方法提取前 1% 低频分量信号特征，电子舌信号得到了显著的可分性。总体上看，电子舌数据是比较容易分类的。

2.5　电子眼与计算机深度学习结合检测核桃异物

杂质检测在保证食品生产质量和安全控制方面发挥着重要作用[25]。杂质可以通过原材料、生产线故障或人工污染引入食品。食品中的异物是许多食品制造商和执法机构收到客户投诉的最大来源[26]。杂质检测对于消费者满意度和健康非常重要，食品安全法规也要求对坚果中的杂质进行检测。在许多发展中国家，分离坚果杂质是需要人手工操作的。这种传统的质量检测技术效率低，人为因素漏检率高。传统方法容易受到专家的知识或操作者的手工参数的影响，而深度学习可以通过学习训练数据的特征为质量检测提供准确的结果[27]。许多研究在不同领域使用深度学习进行质量检测^[28]。近年来，越来越多的研究人员使用成像技术来检测食品和农产品中的杂质^[29]。大多数最先进的基于计算机视觉的杂质检测算法都是基于模式的方法。电子眼是模拟人类的视觉，得到样品的颜色、形状、大小等信息^[30]。电子眼与计算机视觉、人工智能结合，可以快速进行食药质量安全的鉴定。

本节首先通过照相机获取视觉图像，利用两步不同的卷积网络算法来实时完成核桃图像中的图像分割和杂质检测。基于卷积网络的算法可以同时自动完成图像分割和检测不同尺寸的杂质。

2.5.1　实验部分

1. 图像采集

实验样本共包含 1264 张图像，其中，287 张纯核桃图像，分辨率为 1280×960；977 张含有异物的核桃样品图像，图像中的核桃或异物大小不同，这些核桃和异物是 2020 年从浙江省杭州市核桃加工企业中随机收集得到的。

2. 数据处理方法

两个阶段 CNN 算法的检测流程图如图 2-14 所示。在训练过程中，阶段一完成图像分割，阶段二完成图像分类。在测试过程中，测试图像中的区域通过 CNN 分割模型进行分割，所有区域通过 CNN 分类模型进行分类，即可得到杂质检测结果。

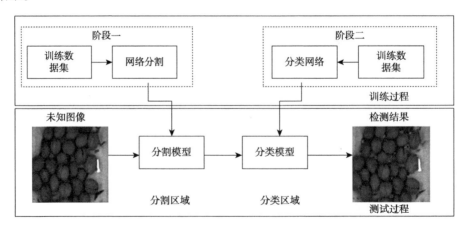

图 2-14　两个阶段 CNN 算法的检测流程图

2.5.2　结果与讨论

1. 图像分割

为了测试本节提出的图像分割算法的性能，选择了含有异物（如树叶碎片、纸屑、塑料碎片和金属零件）的核桃图像作为样本。在图 2-15（a）中，一些核桃样品与其他核桃样品粘连，使用传统的图像分割方法很难快速分割核桃的所有候选区域。在图 2-15（d）中，叶屑、纸屑、塑料屑和金属异物与核桃混合。虽然核桃的颜色与大多数异物不同，它仍然需要通过专业设计的约束来使用传统的图像分割方法对核桃和异物的所有候选区域进行分割。在图 2-15（c）和图 2-15（f）中，因为部分候选区域分割不清晰，没有解决核桃与异物的聚集现象。然而，如图所示，如果候选区域基于 2.5.1 节第 2 部分中提出的数据处理方法进行分割，在具有全局阈值的情况下，与核桃相邻区域的异物像素可能被错误地分类为核桃区域内的像素；因此，可以清楚地观察到，在没有人工提取分割特征参数的情况下，图像分割结果是令人满意的，几乎所有的区域都被区分开了，并且不仅在中心区域，在边缘区域也将目标与核桃区域分开。结果表明该方法为进一步的异物检测过程提供了良好的基础。

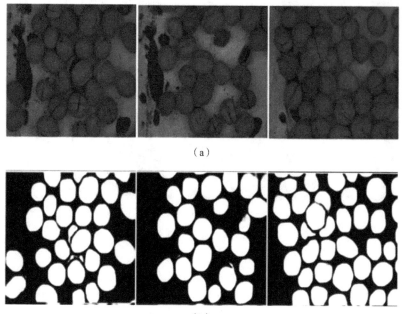

（a）

（b）

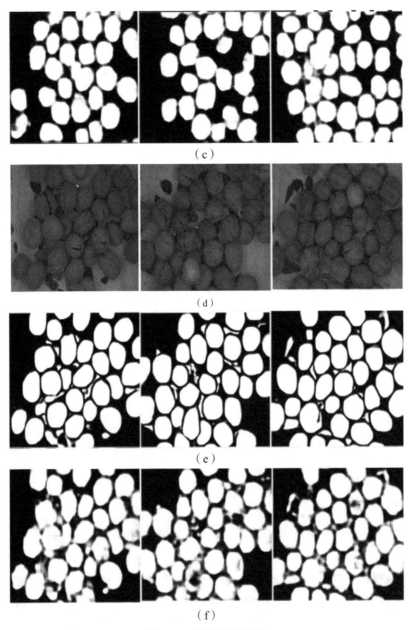

（c）

（d）

（e）

（f）

图 2-15　图像分割示例

2. 检测结果

为了测试所提出的基于 CNN 的检测算法实现的性能，利用不同状态下不同异物的核桃图像对所提出的算法进行了测试。我们使用 Dropout（随机失活）策略而不是创建假样本图像来训练四类分类器，从而避免过度拟合。每个 Epoch（时期）的训练数据集和验证数据集中核桃与异物的准确率和丢失率如图 2-16 所示。

图 2-16　核桃图像中异物检测的示例

　　在线检测核桃样品时，减少曝光时间可以节省更多检测时间。改变采集条件，不同曝光时间下，所提出的基于深度学习的方法都能够检测核桃中的异物，而传统的图像检测方法需要手动重新提取特征和阈值参数，模型维护成本高，技术能力低。为突出检测核桃异物的性能，检测结果在异物区域带有红色标记。显而易见的是，图像中异物检测的结果相当不错，边缘和中心区域的所有异物区域都被检测算法用线进行了突出显示。

参 考 文 献

[1] 杨松，刘尚可，张俊杰，等. 新型介孔材料-QuEChERS-超高效液相色谱-串联质谱法检测茶叶中 10 种农药残留.分析化学，2021，49（5）：207，830-838.

[2] 肖涛，殷勇，于慧春，等. 不同包装纯牛奶的电子鼻检测. 食品科学，2011，32（14）：307-310.

[3] 杨姗姗，丁瑞雪，史海粟，等. 热处理条件对巴氏杀菌乳风味品质的影响. 食品科学，2020，41（24）：131-136.

[4] 高红慧，韦利春，胡晓青，等. 伏安型电子舌对不同品种中药材的检测. 测控技术，2016，35（8）：28-31.

[5] 伍世元，骆德汉，邓炳荣，等. 不同产地和采收期的中药材电子鼻鉴别研究. 传感技术学报，2011，24（1）：10-13.

[6] 张晓，吴宏伟，于现阔，等. 基于电子眼技术的穿心莲质量评价. 中国实验方剂学杂志，2019，25（1）：189-195.

[7] 缪楠，张鑫，王首程，等. 基于电子舌和 EEMD-WOA-LSSVM 模型的红酒贮藏年限区分. 食品工业科技，2021，42（19）：275-282.

[8] 刘建林，孙学颖，张晓蓉，等. GC-MS 结合电子鼻/电子舌分析发酵羊肉干的风味成分. 中国食品学报，2021，21（5）：348-354.

[9] 韩伟，曾庆山. 基于计算机视觉的水果直径检测方法的研究. 中国农机化，2011，32（5）：108-111.

[10] 温枫，庄洁. 道地药材的特点. 北京中医药大学学报，2001，24（1）：47.

[11] 徐昱婷，张学博，苏静，等. 超高效液相色谱-串联四级①杆质谱法测定中药材（饮片）中非法添加 6 种水溶性红色素通用方法的研究. 世界科学技术-中医药现代化，2016，18（5）：911-918.

[12] 刘辉，牛智有. 电子鼻技术及其应用研究进展. 中国测试，2009，35（3）：6-10.

[13] 王晓龙，马华威，谭日健，等. 电子鼻-主成分分析-线性回归拟合法检测江平虾冷藏过程中的新鲜度. 肉类研究，2017，31（6）：40-44.

[14] 张雪，葛武鹏，郗梦露，等. 基于主成分分析与马氏距离结合运用的婴幼儿配方奶粉营养综合评价. 食品科学，2020，41（5）：166-172.

---

① "级"应为"极"。

[15] 丛懿洁，马蕊，王丽丽，等. 国内不同品牌婴幼儿配方奶粉感官品质的对比研究. 食品工程，2019（2）：27-32，55.

[16] 钱敏，黄敏欣，黄伟健，等. 电子舌和电子鼻在婴儿奶粉检测中的应用. 中国乳品工业，2016，44（8）：58-60.

[17] 牛仙，邓泽元，王佳琦，等. 国内外婴儿配方奶粉中营养成分的比较与分析. 中国乳品工业，2021，49（2）：28-34，46.

[18] 佚名. 国家质检总局：进口奶粉中文标签不得境内贴. 中国标准导报，2015（11）：16.

[19] 李延华，王伟军，张兰威，等. 食品原产地保护检测技术应用进展. 食品工业科技，2011，32（6）：427-430.

[20] 何小洲，刘代兵. 原产地定型观念与消费者行为模式研究. 系统工程学报，2014，29（2）：160-170.

[21] 王茜茜，肖笑洁，王兴亚，等. 奶粉加工对其食用属性的改变及细胞间无线通讯网络的定量化评价. 食品科学，2014，35（21）：223-228.

[22] 张剑锋，刘秀荣. 从"三聚氰胺奶粉事件"探析企业社会责任建设. 现代商贸工业，2009，21（7）：47-48.

[23] 孙洪霞. 中国进口奶粉市场研究. 中国商贸，2015，（3）：96-97.

[24] 林科. 电子舌研究进展及其在食品检测中的应用研究. 安徽农业科学，2008，36（15）：6602-6604.

[25] 陈霜，李丹，于海燕，等. 检测牛奶中杂质的表面增强拉曼光谱基底研究进展. 食品工业科技，2021，42（19）：403-410.

[26] 曾敏. 如何防止杂质混入食品. 食品科学，2001，22（1）：97-99.

[27] 李龙. 基于改进 Mobile-Net-V2 的原棉杂质分类方法. 毛纺科技，2021，49（2）：83-88.

[28] 张瑶，张云波，陈立. 基于深度学习的光学表面杂质检测. 物理学报，2021，70（16）：353-361.

[29] 常金强，张若宇，庞宇杰，等. 高光谱成像的机采籽棉杂质分类检测. 光谱学与光谱分析，2021，41（11）：3552-3558.

[30] 刘瑞新，郝小佳，张慧杰，等. 基于电子眼技术的中药川贝母真伪及规格的快速辨识研究. 中国中药杂志，2020，45（14）：3441-3451.

第 3 章　基于理化的食药质量安全检测技术

前面分析了基于感官的食药质量安全检测技术，通过采集以电子鼻、电子舌等为代表的仿生感官检测数据，并结合智能识别算法实现了食药质量评估。理化检测技术可以表征食药分子的理化性质，从理化层面进一步展示食药分子特性，传统的理化检测分析技术主要侧重于特定分子分析，采用基于标准曲线法等定量分析方法，存在检测周期长，信息利用率相对较低等问题。为此，本章研究了基于理化的谱图检测技术，通过结合智能分析算法，可以实现谱图数据的高效、智能化运算与判别，提高信息利用率，实现食药质量智能检测。

3.1　乳制品拉曼光谱表征数据的标准化与降噪处理研究

乳制品是大众日常消费品的重要组成部分，自 2008 年三聚氰胺事件爆发以来，乳制品的质量安全问题一直是监管部门和普通民众关注的热点问题之一。现有的管控思路主要是遵循国家标准，产品标准有如《食品安全国家标准 乳粉》（GB 19644—2010），检测标准有如《食品安全国家标准 乳和乳制品杂质度的测定》（GB 5413.30—2016）等，起到了控制乳制品质量安全风险的重要作用，积累了大量检测数据，不过，随着新需求的出现，该方法存在进一步改进的空间。例如，2016 年上海发生假冒奶粉事件，以次充好，牟取暴利，是一种新型的奶粉质量安全问题，而凭借传统的成分检测手段难以发现这些问题[1, 2]。此外，工厂乳制品生产涉及多个加工环节，加强过程能力控制，可望改变传统事后检测的管控策略，变被动为主动，在质量变异时及时采取纠偏措施，将有望减少质量损失。

为此，研究提出谱图数据支持的乳制品质量控制新策略，基本思路是收集乳制品的谱图数据，在乳制品产品仅受正常波动因素影响时，谱图数据间相似度很高，而出现异常因素时，数据间相似度将有明显下降或有规律降低，结合质量波动控制图或模式识别算法可进行质量预警[3, 4]。拉曼光谱是一种表征样品分子振动信号的光谱检测技术，具有样品用量少、采集速度快、可无损检测、仪器便携化等优点，在行政现场执法、实验室检测、工厂在线检测等领域具有广阔的应用前景。拉曼光谱用于乳制品表征研究相关报道近年来逐年增多，是乳制品表征分析的热点手段之一[5, 6]。

发展基于拉曼光谱的乳制品质量分析与质量预警研究，关键因素是采集的拉曼光谱数据，数据的瑕疵将导致判别模型结果的不可靠，因此，本节研究了乳制品拉曼光谱表征数据的标准化处理，提出了针对不同噪声水平时数据规范化处理评价的适用方法，本节研究为破解时下检测数据"信息孤岛"问题提供了技术参考，为数据共享研究提供了参考思路。

3.1.1　实验部分

1. 仪器与谱图采集条件

Prott-ezRaman-D3 激光拉曼光谱仪（美国恩威公司），激光波长 785 nm，激光最大功率约为 450 mW，电荷耦合器件（charge coupled device，CCD）检测器（−85 ℃）。96 孔板（美国康宁公司）。取适量奶粉粉末置于 96 孔板的独立小孔内，保持小孔恰好处于充满状态。而后，使用激光拉曼光谱仪直接照射样品，进行测试，收集测试信号即得到奶粉的拉曼光谱图。激光功率分别采用约 250 mW、350 mW、450 mW，积分时间 50 s，光谱范围 250～2339 cm^{-1}，光谱分辨率 1 cm^{-1}。

2. 数据分析方法

1）平均值标准化处理

平均值计算公式如式（3-1）所示

$$y_i = \frac{x_i - \bar{x}}{s} \tag{3-1}$$

其中，x_i 表示拉曼光谱的强度值；y_i 表示标准化后的拉曼光谱的强度值；$\bar{x}$ 表示 x_i 的平均值，$\bar{x} = \dfrac{\sum\limits_{i=1}^{n} x_i}{n}$；$s$ 表示标准偏差，$s = \sqrt{\dfrac{\sum\limits_{i=1}^{n}\left(x_i - \bar{x}\right)^2}{n-1}}$。

2）极大值标准化处理

极大值计算公式如式（3-2）所示：

$$z_i = \frac{x_i}{\max(x_i)} \qquad (3\text{-}2)$$

其中，x_i 表示拉曼光谱的强度值；$\max(x_i)$ 表示拉曼光谱中谱峰最大强度值，本实验中选取 1450 cm^{-1} 的峰值为最大值；z_i 表示标准化后的拉曼光谱的强度值。

3）小波降噪处理

使用小波软阈值函数进行光谱降噪处理，计算公式如式（3-3）所示：

$$s_T = \begin{cases} \text{sign}(x)(|x| - T), & |x| > T \\ 0, & |x| \leqslant T \end{cases} \qquad (3\text{-}3)$$

其中，x 表示光谱信号值；T 表示阈值；s_T 表示重构信号。

4）相关系数计算

相关系数计算公式如式（3-4）所示：

$$R = \frac{\sum\limits_{i=1}^{n}(a_i - \overline{a})(b_i - \overline{b})}{\sqrt{\sum\limits_{i=1}^{n}(a_i - \overline{a})^2 \sum\limits_{i=1}^{n}(b_i - \overline{b})^2}} \qquad (3\text{-}4)$$

其中，R 表示两样品间的相关系数值；a_i 和 b_i 分别表示两样品在同一波长处的拉曼光谱强度值；$\overline{a}$ 和 $\overline{b}$ 分别表示两样本拉曼光谱强度的平均值。相关系数值越接近于 1，说明两个样品的光谱数据间相似性越高，相关系数值越接近于 0，说明两个样品的光谱数据间相似性越低。

数据运算分析平台：Matlab R2016a。

3.1.2　结果与讨论

1. 奶粉拉曼光谱解析

实验分别采集了在激光功率约 250 mW、350 mW、450 mW 条件下，国内某品牌 A 奶粉的拉曼光谱数据，如图 3-1 所示。谱图表征了奶粉丰富的组分信息，结合已有文献报道，可进行谱峰归属分析[7-10]，如 1746 cm^{-1} 主要来自脂肪有关的酯基 C=O 伸缩振动，1667 cm^{-1} 主要来自蛋白质的酰胺 I 键的 C=O 伸缩振动和不饱和脂肪酸的 C=C 伸缩振动，1450 cm^{-1} 主要来自糖类和脂肪的 CH$_2$ 变形振动，1009 cm^{-1} 主要来自蛋白质苯丙氨酸的环振动，详细的拉曼光谱的谱峰解析结果见表 3-1。从拉曼光谱解析结果可以看出，拉曼光谱可以表征奶粉的糖类、脂肪和蛋白质等主要化学组成信息，其峰位置、峰高、峰面积蕴含着奶粉组成分子的种类、含量信息。前期研究中，发现在生产工序稳定、原料来源一致等质量要素可控条件下，奶粉的拉曼光谱表征数据将表现出较高的一致性，而质量变异因素出现时拉曼光谱将出现谱峰变化，据此可提示我们一定的质量风险，因此，依据奶粉的拉曼光谱表征数据进行表征有望成为构建新型奶粉质量控制体系的技术方案之一。

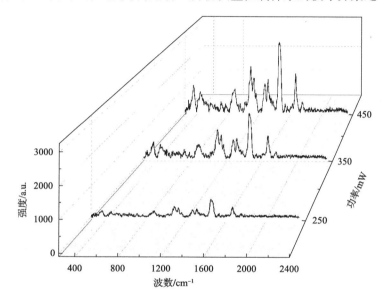

图 3-1　品牌 A 奶粉不同激光功率条件下的拉曼光谱图

表3-1　奶粉拉曼光谱峰归属解析表

波数/cm^{-1}	归属
1746	C=O 伸缩振动，主要来自脂肪有关的酯基
1667	C=O 伸缩振动和 C=C 伸缩振动，其中 C=O 伸缩振动可能主要来自蛋白质的酰胺 I 键，C=C 伸缩振动主要来自不饱和脂肪酸
1450	CH$_2$ 变形振动，可能主要来自糖类和脂肪
1312	脂肪酸的 CH$_2$ 扭曲振动
1270	糖类的 CH$_2$ 扭曲振动
1130	糖类的 C—C 伸缩振动、C—O 伸缩振动以及 C—O—H 变形振动
1091	糖类的 C—C 伸缩振动、C—O 伸缩振动以及 C—O—H 变形振动
1009	蛋白质苯丙氨酸的环振动
950	糖类的 C—O—C 变形振动、C—O—H 变形振动和 C—O 伸缩振动
885	糖类的 C—C—H 变形振动和 C—O—C 变形振动
767	C—C—O 变形振动
705	C—S 伸缩振动
627	C—C—O 变形振动

波数/cm^{-1}	归属
592	C—C—C 变形振动、C—O 扭曲振动
516	葡萄糖
447	C—C—C 变形振动、C—O 扭曲振动
360	乳糖

2. 奶粉拉曼光谱标准化处理分析

数据驱动型的乳制品质量控制技术，关键因素是采集的拉曼光谱数据，因此有必要建立标准化处理流程[11, 12]。如图 3-1 所示，本节尝试选择 3 种不同的激光功率分别采集品牌 A 奶粉的拉曼光谱数据，图示可以看出尽管测试对象一致，但各条件下拉曼光谱图有一定差异，具体表现为不同激光功率条件下，各谱图的峰强度不一致，且峰强随着激光强度的增加而增加。实验选择了平均值标准化处理和极大值标准化处理方法对实验数据进行了标准化处理，图 3-2 显示了平均值标准化处理的奶粉拉曼光谱图，可以明显看出经过处理后，不同激光功率获得的奶粉拉曼光谱峰强度差异得以消除。极大值标准化处理方法以奶粉拉曼光谱最高峰 1450 cm^{-1} 处的强度值为基准，按照前述公式进行了计算，结果与图 3-2 类似。实验进一步以 3 种不同激光功率采集的奶粉拉曼光谱数据的平均值为真值，以相关系数为相似度评价指标，分别计算 3 种不同激光功率采集的奶粉拉曼光谱数据与平均值间的相关系数，量化计算比较未做标准化处理以及经 2 种不同标准化处理方法处理后相关系数的差异情况，如图 3-3 所示。结果显示，未做标准化处理其相关系数为 0.9864 ± 0.0121，经平均值标准化处理其相关系数为 0.9886 ± 0.0039，经极大值标准化处理其相关系数为 0.9886 ± 0.0044。其中，0.9864、0.9886、0.9886 为均值，0.0121、0.0039、0.0044 为标准偏差。不难看出，标准化处理后，去除了量纲，3 种不同激光功率采集的奶粉拉曼光谱数据与样品均值的相关性有所提高，分散性有所改善，且平均值标准化处理效果最好。同时，研究发现图 3-3 所示的相关系数结果虽接近于 1，但均未达到 1，这可能是由于以下原因：光谱采集过程中随机噪声的存在，从图 3-2 也可以看出，250 mW 条件下采集时噪声较大。

3. 奶粉拉曼光谱小波降噪分析

本节进一步对噪声影响及降噪处理进行了分析，首先计算了平均值标准化处理后品牌 A 奶粉 3 种不同激光功率采集的奶粉拉曼光谱数据与样品均值的相关系数，结果如表 3-2 所示，相关系数达到 0.98 以上，随机选择了市售品牌 B 奶粉，按照同样的操作收集其拉曼光谱数据，并与品牌 A 样品光谱数据均值进行相关系数运算，结果如表 3-2 所示，相关系数均在 0.98 以下，据此可以区分品牌 A 奶粉和品牌 B 奶粉。前述观察图 3-2 可知，噪声影响在 250 mW 条件下最大，350 mW

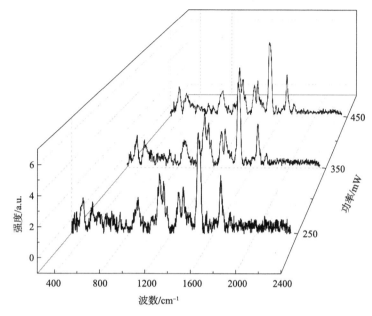

图 3-2　品牌 A 奶粉不同激光功率条件下拉曼光谱平均值标准化处理结果图

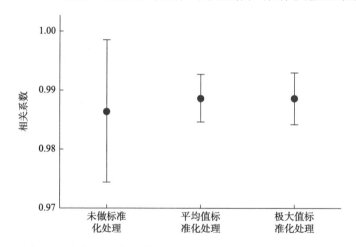

图 3-3　品牌 A 奶粉不同标准化方法处理后的相关系数结果图

次之，450 mW 最小，因此，为保证判别模型的准确性，降噪处理是非常有必要的。小波降噪的基本思路是采用低通滤波器减少噪声强度，去除原始谱图中的棘波，增强信噪比。本节应用小波软阈值降噪法进行降噪处理，基本步骤是经过小波变换后真实信号与噪声的统计特性不同，在小波分解后的各层系数中，进行阈值处理，而后再反变换重构，小波软阈值可以有效避免间断，使得重构的信号曲线更加光滑，常用的小波基有 Daubechies（DbN）、Symlets（Sym$N$）、Coiflet（Coif$N$）、

Biorthogonal（BiorNr.Nd）4 种小波基，实验设定阈值选定方法 rigrsure，分解层数设定为 3，考察了不同小波基条件下品牌 A 奶粉和品牌 B 奶粉 3 种不同激光功率采集的奶粉拉曼光谱数据与品牌 A 奶粉样品均值的相关系数，结果见表 3-3。噪声具有随机性，会一定程度降低样品间相关系数，经过降噪处理后，相关系数值得以提高。表 3-3 显示，品牌 A 奶粉 3 种不同激光功率与品牌 A 样品均值的相关系数值经过小波处理基本达到了 0.99 以上（个别数据除外），其中，Db1、Sym1、Bior1.1 处理后相关系数值达到最大值 0.9956。与此同时，品牌 B 奶粉 3 种不同激光功率与品牌 A 奶粉样品（均值）相关系数值经过小波处理后也有不同程度的提高，但均低于 0.99，且区分度有所加大。图 3-4 显示了小波降噪后的效果图，与图 3-2 未进行小波处理结果相比，可以明显看出，谱线变得更加光滑，噪声明显减弱。

表3-2　平均值标准化处理后品牌A奶粉与品牌B奶粉相关系数计算结果

指标	品牌 A （250 mW）	品牌 A （350 mW）	品牌 A （450 mW）	品牌 B （250 mW）	品牌 B （350 mW）	品牌 B （450 mW）
品牌 A 奶粉样品（均值）	0.9831	0.9912	0.9915	0.9535	0.9747	0.9796

表3-3　不同小波降噪处理、均值标准化处理后品牌A奶粉和品牌B奶粉分别与品牌A奶粉样品（均值）相关系数计算结果

降噪方法	品牌 A （250 mW）	品牌 A （350 mW）	品牌 A （450 mW）	品牌 B （250 mW）	品牌 B （350 mW）	品牌 B （450 mW）
Db1	0.9911	0.9956	0.9952	0.9742	0.9831	0.9849
Db2	0.9906	0.9950	0.9951	0.9770	0.9830	0.9854
Db3	0.9913	0.9955	0.9954	0.9757	0.9837	0.9853
Db4	0.9910	0.9952	0.9951	0.9733	0.9829	0.9853
Db5	0.9906	0.9952	0.9951	0.9758	0.9834	0.9849
Sym1	0.9911	0.9956	0.9952	0.9742	0.9831	0.9849
Sym2	0.9906	0.9950	0.9951	0.9770	0.9830	0.9854
Sym3	0.9913	0.9955	0.9954	0.9757	0.9837	0.9853
Sym4	0.9908	0.9954	0.9952	0.9751	0.9834	0.9853
Sym5	0.9905	0.9951	0.9947	0.9750	0.9836	0.9850
Coif1	0.9907	0.9954	0.9950	0.9764	0.9838	0.9850
Coif2	0.9909	0.9952	0.9951	0.9744	0.9823	0.9850
Coif3	0.9904	0.9950	0.9950	0.9761	0.9835	0.9847
Coif4	0.9907	0.9952	0.9950	0.9747	0.9825	0.9845
Coif5	0.9904	0.9950	0.9950	0.9751	0.9833	0.9846
Bior1.1	0.9911	0.9956	0.9952	0.9742	0.9831	0.9849
Bior1.3	0.9902	0.9947	0.9951	0.9719	0.9813	0.9839
Bior1.5	0.9897	0.9945	0.9943	0.9732	0.9816	0.9842
Bior2.2	0.9905	0.9953	0.9949	0.9762	0.9843	0.9852
Bior2.4	0.9909	0.9953	0.9951	0.9750	0.9828	0.9849

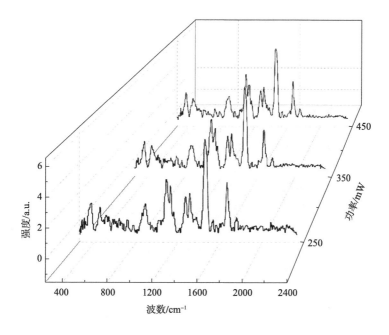

图 3-4 Db1 小波处理后品牌 A 奶粉不同激光功率条件下拉曼光谱图

拉曼光谱可以表征乳制品丰富的质量特征信息，拉曼光谱数据分析与处理可用于乳制品品质控制，其中质量评价的关键因素是表征数据的规范化处理，本节探讨了 3 种不同激光功率条件下，奶粉拉曼光谱数据的标准化与降噪处理。通过平均值标准化处理，可以有效消除量纲影响，减少不同条件下采集数据的分散性。通过小波降噪处理，可以有效减少拉曼光谱信号采集过程中引入的随机噪声，提高信噪比，凸显有效信号。本节研究揭示出平均值标准化处理、Db1、Sym1、Bior1.1 小波降噪手段，适用于奶粉拉曼光谱表征数据的规范化前处理，有利于保证后续判别模型的准确性。

3.2 基于统计控制的乳制品拉曼光谱特征提取研究

拉曼光谱可以提供样品丰富的分子振动信息，据此可实现特征分子的定性、定量和结构分析。基于拉曼光谱法的乳制品质量控制的分析方法可主要分为两种思路。一是基于朗伯-比尔定律的特征分子浓度直接分析，具体做法是根据特征分子含量与拉曼光谱的峰强度或峰面积的关系建立一条标准曲线，实现未知样品的特定分子含量回归预测。例如，我们使用标准曲线法对乳制品中硫氰酸钠（一种非法添加剂）的含量进行了定量分析[5]。该方法可以提供拉曼光谱中活性物质的含量信息，但数据处理通常只是简单地使用特定峰值的信息，数据利用率相对较低。还有一种方法是基于化学计量学算法的质量判别分析，如人工神经网络和偏最小二乘法[13-15]。PCA 是一种常用的特征提取法，作为一种数学变换方法，它可以减少冗余信息的干扰，提高判别算法的效率，不过对所提取特征的化学信息解析则较为困难，这在一定程度上限制了其应用[16]。因此，研究更实用且充分利用乳制品拉曼光谱信息的质量控制方法成为一个新的课题。

　　本节展示了一种乳制品质量控制拉曼光谱化学特征提取法，其具有以下三个方面的特点。首先，传统的乳制品质量控制方法主要基于营养成分或非法成分含量的分析，难以对乳制品品牌进行高效快速的鉴别[7, 17]。尤其是部分假冒的乳制品，其主要成分也符合国家乳制品质量安全标准[3]。其次，传统乳制品的鉴别分析是基于相对复杂的特征提取。本节研究方法建立在化学特征分析的基础上，这将比 PCA 更简单。最后，传统乳制品鉴别分析的化学计量算法相对复杂，存在过拟合的风险。本节研究采用的统计控制图相对来说更为直观，适合实际质量控制应用。

3.2.1　实验部分

1. 仪器与谱图采集条件

拉曼光谱数据使用便携式激光拉曼光谱仪（美国恩威公司）进行收集；使用SLSR Reader V8.3.9 软件对记录的拉曼光谱进行基线校准。激光器的激发波长为785 nm，激光器的功率为 450 mW，积分时间为 50 s。该光谱仪的工作范围为 250～2339 cm^{-1}，分辨率为 1 cm^{-1}。

2. 数据分析

1）欧氏距离

欧氏距离是一种常用的测量距离的方法。计算 n 维空间中 2 个样本之间的欧氏距离的公式为

$$d = \sqrt{\sum_{i=1}^{n}(x_i - y_i)^2}$$

其中，d 表示欧氏距离；x_i 和 y_i 分别表示 x 和 y 样本的 i 维分量。本节研究中，x_i

和 y_i 表示 2 个样本在一个特定波段的光谱强度或面积、比率；i 表示光谱波数。

2）统计控制图

控制图可以使用如下单值-移动极差的公式来计算绘制。绘制单值控制图的运算公式如下：

$$\begin{cases} \text{UCL}_d = \bar{d} + 2.66\bar{R} \\ \text{CL}_d = \bar{d} \\ \text{LCL}_d = \bar{d} - 2.66\bar{R} \end{cases}$$

绘制移动极差控制图的计算公式如下：

$$\begin{cases} \text{UCL}_{\text{MR}} = 3.276\bar{R} \\ \text{CL}_{\text{MR}} = \bar{R} \\ \text{LCL}_{\text{MR}} = 0 \end{cases}$$

其中，d 和 $\bar{d}$ 分别表示样本的欧氏距离和平均值；R 表示移动极差范围，即 $R = |d_{i+1} - d_i|$，d_i 表示样本 i 变量的欧氏距离；$\bar{R}$ 表示 R 的平均值；CL 表示中心线；UCL 表示控制上限；LCL 表示控制下限。

拉曼光谱学特征峰面积的计算。根据梯形法，特征峰面积计算公式如下：

$$\int_a^b f(x)\mathrm{d}x = \frac{b-a}{2N} \sum_{n=1}^{N} \left[f(x_n) + f(x_{n+1}) \right]$$

其中，$f(x)$ 表示梯形函数；a 表示特征峰的初始波数；b 表示特征峰的末端波数；N 表示初始波数与特征峰的末端波数之间的区间数（$N=b-a$）；n 表示 a 段和 b 段的光谱波数。使用的计算工具是 Matlab R2016a。

3.2.2　结果与讨论

1. 乳制品拉曼光谱分析

乳制品的拉曼光谱图如图 3-5 所示。根据已有研究文献，可以进行谱图的物质归属分析[8, 9, 18, 19]。1752 cm^{-1} 处的谱峰主要归属于脂肪酸的 C=O 伸缩振动。1660 cm^{-1} 处的谱峰可能与蛋白质酰胺键的 C=O 伸缩振动和不饱和脂肪酸的 C=C 伸缩振动有关。在 1462 cm^{-1} 处的谱峰可能与脂肪和碳水化合物的 CH$_2$ 变形振动有关。在 1337 cm^{-1} 处的谱峰可能与碳水化合物的 C—O 伸缩振动和 C—O—H 变形振动有关。在 1307 cm^{-1} 处的谱峰可归因于脂类分子的 CH$_2$ 弯曲振动。在 1256 cm^{-1} 处的谱峰与碳水化合物的 CH$_2$ 弯曲振动有关。800～1200 cm^{-1} 范围内约有 6 个谱峰，主要是由碳水化合物引起的，如 C—C 伸缩振动和 C—O—H 变形振动(1130 cm^{-1}、1078 cm^{-1} 和 1027 cm^{-1}),C—O—C 变形振动(922cm^{-1} 和 861cm^{-1}),以及蛋白质苯丙氨酸环呼吸振动（1007 cm^{-1}，谱峰可归因于苯丙氨酸环的 C—C 对称伸缩振动）。250~800 cm^{-1} 范围内约有 7 个谱带，C—C—O 变形振动（777 cm^{-1}）、C—S 伸缩振动（718 cm^{-1}）、C—C—C—C 变形振动和 C—O 弯曲振动（570 cm^{-1}）、葡萄糖（520 cm^{-1}）、C—C—C 变形振动和 C—O 弯曲振动（487 cm^{-1}）、葡萄糖（425 cm^{-1}）和乳糖（373 cm^{-1}）。

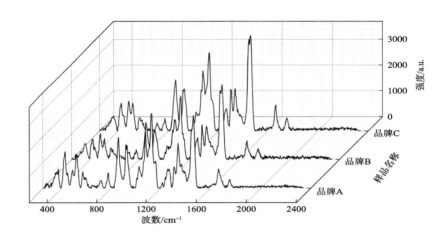

图 3-5　不同品牌乳制品的拉曼光谱

2. 基于拉曼峰强度的乳制品特征提取与分析

从上述分析中可以看出，拉曼光谱可以表征乳制品丰富的分子信息。本节以品牌 A 乳制品为主要研究对象，研究建立基于拉曼光谱化学特征提取的质量控制方法。产品的质量控制一般包括两个方面：一方面是产品的质量波动应在一个合理的范围内；另一方面是其他品牌的乳制品不落在控制范围内，以此实现品牌 A 乳制品的区分判别。光谱强度是拉曼光谱学中最常用的直接特征，它反映了样品的特征成分信息。在特征选择中，可以选择全频谱或特定的频谱。首先，将收集到的拉曼光谱峰强度（250~2339 cm^{-1}）作为数据输入。为了计算样品间的相似关系，实验采用了欧氏距离法。当样本之间的相似性较高时，欧氏距离较小；当样本之间的相似性较低时，欧氏距离较大[20]。将收集的品牌 A 乳制品样品的拉曼光谱峰强度的平均值作为样品的理论真实值，计算每个实验样品峰强度与理论真实值的欧氏距离。接下来，利用计算出的欧氏距离构建品牌 A 乳制品的单值、移动极差质量波动控制图，评估样品的质量稳定性[21]。研究发现绘制出的各样品的欧氏距离在控制图中心线周围波动，表明实验样品之间存在一定的质量波动。

根据正态分布模型,计算了控制极限的上下限。结果表明,虽然样品的欧氏距离值一直在波动,但它们都受到上限和下限的控制。计算品牌 B 乳制品、品牌 C 乳制品(对照组)和品牌 A 乳制品(实验组)均值之间的欧氏距离。研究发现,5 个品牌 B 乳制品样品落于实验组控制限外,2 个品牌 C 乳制品样品接近实验组控制限。通过全光谱作为特征输入,研究确认了同一种乳制品的质量稳定性,但是难以据此实现不同品牌乳制品的有效区分。其主要原因可能是拉曼光谱存在噪声和冗余信息。据此,有必要进一步提取拉曼光谱的化学特征,以提高光谱数据的判别能力。

通过对拉曼光谱的比较分析,可以发现样品在 1307 cm^{-1} 处的拉曼峰强度存在一定差异。根据上述欧氏距离计算和统计控制图方法,以 1307 cm^{-1} 处的拉曼峰强度,运算绘制得到品牌 A 乳制品的质量波动控制图,如图 3-6 所示。可以看出,所有样品在中心线周围波动,无样品超出控制限。这一结果进一步表明,同一品牌乳制品样品之间具有很高的相似性。采用相同的方法计算品牌 B、品牌 C 拉曼峰强度分别与品牌 A 乳制品拉曼峰强度均值之间的欧氏距离,如图 3-7 所示。可以看出,12 份品牌 B 乳制品样品落入品牌 A 乳制品的控制限内,而品牌 C 乳制品均在线外,被分离鉴别。结果表明,仅以拉曼峰强度作为特征输入时,产品质量判别能力依旧有限。

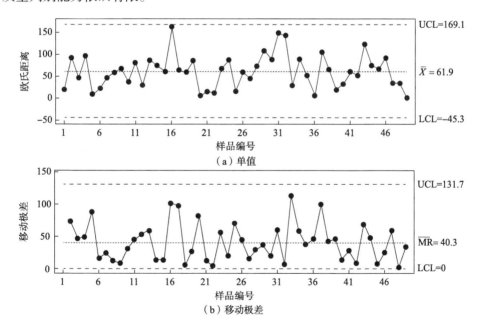

图 3-6　基于拉曼峰强度(1307 cm^{-1})欧氏距离的品牌 A 乳制品(49 个样品)质量波动单值控制图和移动极差控制图

UCL 表示控制上限,LCL 表示控制下限,$\overline{X}$ 表示均值;$\overline{MR}$ 表示移动极差

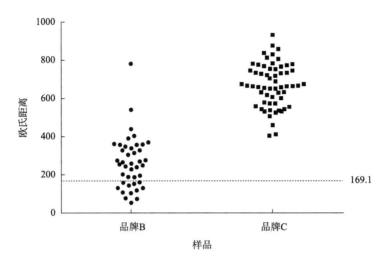

图 3-7　品牌 B 乳制品、品牌 C 乳制品拉曼峰强度分别与品牌 A 乳制品拉曼峰强度均值之间的欧氏距离（1307 cm^{-1}）

3. 基于拉曼峰面积的乳制品特征提取与分析

拉曼光谱的峰面积是光谱图分析的其中一个特征来源，它反映了样品中更丰富的特征分子信息。这是因为峰面积涉及一定距离内的光谱信息，通常包含在峰值范围内的多个特征分子相互关联的信息。首先使用峰面积（全光谱，250～2339 cm^{-1}）作为特征输入。计算了品牌 A 乳制品各样品与其均值之间的欧氏距离，绘制出质量控制图。结果表明，所有样品均围绕中心线波动，并都在控制范围内。在相同的计算条件下，得到了品牌 B 乳制品、品牌 C 乳制品和品牌 A（实验组）乳制品均值之间的欧氏距离。结果表明，37 份品牌 B 乳制品样品和45 份品牌 C 乳制品样品落入实验组控制限，表明基于全谱峰面积无法区分不同品牌的样品。经过光谱分析，选择 1288～1319 cm^{-1} 范围内的峰面积作为特征输入值。欧氏距离计算如前所述，图 3-8 展示了品牌 A 乳制品各样品拉曼峰强度与其均值之间的欧氏距离情况，图中的结果表明存在质量波动，1 个样本超出了控制限。这说明可能存在质量风险，不过其余的样品都在控制范围内，据此说明品牌 A 乳制品的总体质量水平仍处于可控和稳定的状态。图 3-9 为相同条件下品牌 B 乳制品、品牌 C 乳制品和品牌 A 乳制品和欧氏距离均值之间的判别分析结果。所有乳制品（对照组）均在控制限外，只有少数品牌 B 乳制品样本接近控制限。结果表明，峰面积作为一个特征可以提供更丰富的样本信息，但输入全频谱面积作为特征分析仍不能有效实现质量鉴别。适当输入特征峰面积，可以实现较好的质量判别。

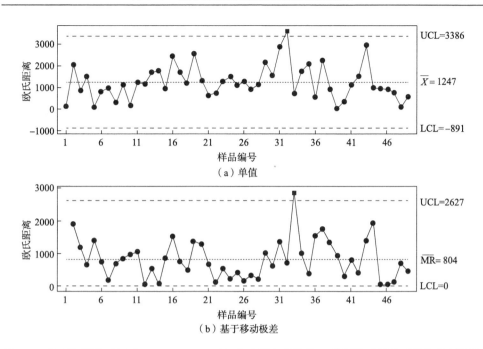

（a）单值

（b）基于移动极差

图 3-8　基于拉曼峰面积（1288～1319 cm⁻¹）欧氏距离的品牌 A 乳制品质量波动单值控制图和
移动极差控制图

UCL 表示控制上限；LCL 表示控制下限；$\overline{X}$ 表示均值；$\overline{\text{MR}}$ 表示移动极差

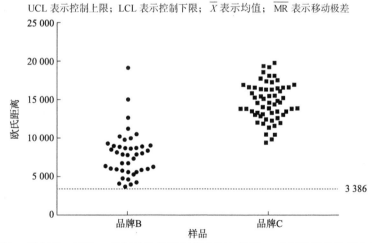

图 3-9　品牌 B 乳制品、品牌 C 乳制品拉曼峰面积分别与品牌 A 乳制品样品均值之间的欧氏距
离（1288～1319 cm⁻¹）

4. 基于拉曼峰比的乳制品特征提取与分析

　　拉曼光谱的峰比是一个新的特征信息。对于乳制品的生产，其原料比例和生产
工艺是相似的，因此同类产品的峰比较为一致，选取 1337 cm⁻¹/1307 cm⁻¹ 处强度的

光谱峰比作为特征输入，计算每个品牌 A 乳制品样品拉曼峰比与其均值的欧氏距离，绘制出控制图如图 3-10 所示。实验样品间的欧氏距离在中心线附近波动，都在控制限范围内，表明样品具有较高的稳定性和一致性。图 3-11 为品牌 B 乳制品、品牌 C 乳制品拉曼峰比分别与品牌 A 乳制品样品均值之间的欧氏距离。结果表明，品牌 B 乳制品和品牌 C 乳制品的欧氏距离远离品牌 A 乳制品的控制限，据此可以实现对照组与实验组的有效区分判别。原因可能是乳制品间原料含量的比例存在较大差异。

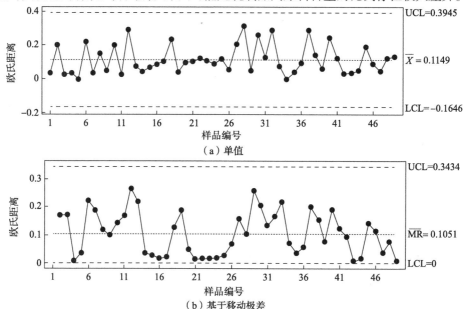

图 3-10　基于拉曼峰比（1337cm^{-1}/1307cm^{-1}）欧氏距离的品牌 A 乳制品质量波动单值和移动极差控制图

UCL 表示控制上限；LCL 表示控制下限；$\overline{X}$ 表示均值；$\overline{MR}$ 表示移动极差

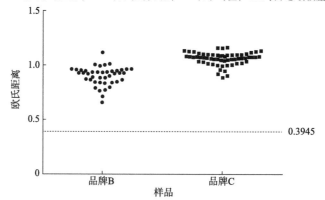

图 3-11　品牌 B 乳制品、品牌 C 乳制品拉曼峰比分别与品牌 A 乳制品均值之间的欧氏距离

（1337cm^{-1}/1307cm^{-1}）

5. 基于拉曼多重特征的乳制品质量鉴别分析

　　本节提出了一种基于拉曼峰强度、峰面积和峰比的特征提取方法，并从三维角度论证了实验样品质量控制的应用潜力。计算了品牌 B 乳制品、品牌 C 乳制品拉曼光谱数据分别与品牌 A 乳制品样品拉曼光谱数据均值之间的欧氏距离。分别用样品的峰强度、峰面积、峰比的欧氏距离作为 x 轴、y 轴、z 轴，绘制出样品的三维空间分布图，如图 3-12 所示。品牌 A 乳制品（实验组）可以有效地与品牌 B 乳制品、品牌 C 乳制品（对照组）区别开，成功地实现了乳制品的多维质量判别。

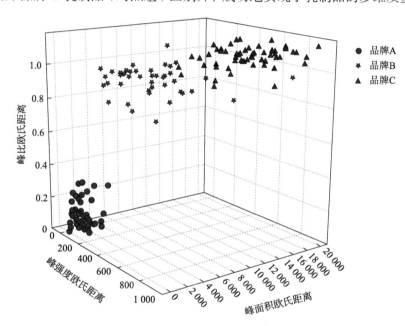

图 3-12　乳制品基于拉曼光谱的峰强度、峰面积和峰比的欧氏距离三维图

　　拉曼光谱技术能够快速获取样品丰富的分子信息，是乳制品快速分析和质量判别的有力工具。光谱特征提取可以提高判别方法的效率，与传统的数字算法相比，化学特征提取方法对化学信息的分析更有帮助。本节输入拉曼峰强度、峰面积和峰比作为化学特征，并结合欧氏距离，研究了统计控制图，结果表明：①使用特征提取的判别能力大于全谱输入；②光谱强度、光谱面积和光谱比可以作为化学特征输入，它们的判别能力依次增加；③这些提取的化学特征可以用于乳制品的质量控制。

3.3　基于拉曼光谱与 KNN 算法的酸奶鉴别

酸奶是人们生活中常见的乳制品之一，常常是以牛奶为原料，经杀菌处理后，向牛奶中添加适量的有益菌、发酵剂，经过一段时间的发酵后，再冷却灌装的一种乳制产品，营养丰富，易于吸收，深受消费者喜爱。近年来，食品质量安全问题时有发生，如以次充好假冒品牌奶粉事件等，使得食品质量管理持续成为社会关注的高频热点问题之一[8]。《食品安全国家标准 发酵乳》（GB 19302—2010）从酸奶的感官要求、理化指标、微生物限量、乳酸菌数等方面进行了详细的指标规定，不过这些指标的检测需要一定的时间和较为烦琐的实验操作。拉曼光谱是一种光谱表征技术，可以获得测试对象分子振动信息，具有测试速度快、谱峰信息丰富等特点[5]，与红外光谱相比较而言，拉曼光谱的谱峰可以予以准确归属，分子振动信息物质基础明确，与红外光谱易受到水的干扰而言，水的拉曼散射界面小，对于拉曼光谱采集没有明显干扰，而酸奶一般表现为黏稠状液体，因此，用拉曼光谱表征酸奶时，可以直接上样采集，避免了制样前处理，操作简便快捷，这使得拉曼光谱成为酸奶质量控制的优越备选技术之一。此外，随着机器学习算法的普及与发展，拉曼光谱快速采集技术结合机器学习辅助智能判别分析技术成为酸奶质量控制体系的重要组成部分。本节以 3 种市售品牌酸奶（品牌 aa、品牌 bb、品牌 cc）的鉴别分析为例，采集并分析酸奶的拉曼光谱，结果显示品牌酸奶间具有较高的相似性，仅通过人工解谱已经难以有效区分，于是，发展与优化了 k 近邻（k-nearest neighbor，KNN）算法，通过智能识别算法可以快速、高效地予以判别分析，每个样品的拉曼光谱采集时间仅为 100 s，数据分析时间仅需 1 s，优化模型识别率达到 99% 以上，因此，论证了一种可望用以酸奶质量控制的快速鉴别方法。

3.3.1　实验部分

1. 仪器

拉曼光谱采集使用的是美国恩威公司生产的 Prott-ezRaman-D3 激光拉曼光谱仪，仪器激光波长为 785 nm，激光最大功率约为 450 mW，光谱范围为 250～2339 cm^{-1}，光谱分辨率为 1 cm^{-1}，光谱采集时间为 100 s。实验用酸奶上样装置为美国康宁公司生产的 96 孔板。取适量酸奶样品置于 96 孔板的独立小孔内，保持小孔恰好处于充满状态。而后，将激光探头直接对准样品，启动激光器收集拉曼光谱信号，将收集到的光谱信号记录为文本文档，使用软件绘制得到样品的拉曼光谱图。

2. 数据处理

数据运算分析及绘图平台：Matlab R2016a。拉曼光谱数据采集后使用美国恩威公司的 SLSR Reader V8.3.9 软件进行基线校正，校正后数据采用小波软阈值降噪法实施降噪，降噪后数据使用 mapminmax 函数进行归一化处理。PCA 处理使用 princomp 函数，可有效降低数据维度，提高运算效率，选取累计贡献率 95% 以上主成分。分类识别算法使用 KNN 算法，80% 的酸奶样本用作训练集，余下的 20% 样本用作测试集。

3.3.2　结果与讨论

1. 酸奶拉曼光谱分析

三种品牌酸奶源自不同厂家，但口味较为相似，均为原味，外观均为白色黏稠状，肉眼不能实现品牌鉴别。使用拉曼光谱仪采集酸奶的拉曼光谱数据，如图 3-13 所示，截至目前关于酸奶的拉曼光谱分析鲜有报道，结合已有乳制品相关的拉曼光谱文献，对酸奶的主要拉曼光谱峰进行了归属分析，如表 3-4 所示[7, 9, 22]。进一步谱图分析发现，1460 cm^{-1} 和 1012 cm^{-1} 这两个峰是酸奶样品中强度排名前两位的拉曼光谱峰，分别对应于糖类和脂肪分子 CH$_2$ 变形振动和蛋白质（或阿斯巴甜）苯丙氨酸的环振动（环内 C—C 对称伸缩），结合表 3-4 其他位置拉曼光谱出峰，可以明显看出本实验获得的酸奶拉曼光谱峰的贡献来源主要是蛋白质、糖类、脂肪和阿斯巴甜分子，这是酸奶的主要营养成分和甜味剂。同时，与文献[3]中的奶粉拉曼光谱分析（在奶粉拉曼光谱表征中，最高峰只有 1460 cm^{-1} 处一个峰，同时，蛋白质的拉曼光谱峰仅在 1012 cm^{-1} 处有一个很小的峰，以及在 1664 cm^{-1} 处有部分源自蛋白质的酰胺 I 键 C＝O 伸缩振动贡献）有很大不同[3]，在本实验中，发现蛋白质的拉曼光谱峰除了 1012 cm^{-1} 和 1664 cm^{-1} 处两个峰以外，还有 1612 cm^{-1} 处蛋白质苯丙氨酸的环振动（环内 C—C 伸缩）以及 1564 cm^{-1} 处的蛋白质酰胺 II 键的 C—N 伸缩振动、N—H 变形振动。造成这种现象的原因可能在于，酸奶的加工过程中添加了乳酸菌，经过乳酸菌发酵使得原料乳中的蛋白质等转变为氨基酸或多肽，并且酸奶中含有阿斯巴甜分子，于是获得了图示的拉曼光谱信号。

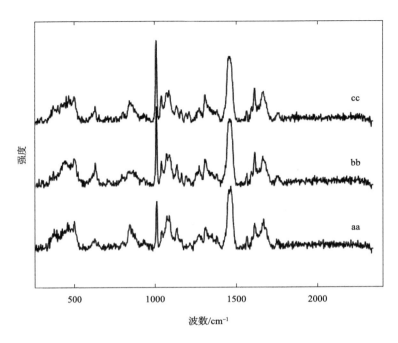

图 3-13　酸奶拉曼光谱图（品牌 aa、品牌 bb、品牌 cc）

表3-4　酸奶拉曼光谱峰归属表

波数/cm⁻¹	归属
1753	C=O 伸缩振动，主要可能来自脂肪有关的酯基
1664	C=O 伸缩振动和C=C 伸缩振动，其中C=O 伸缩振动可能主要来自蛋白质的酰胺 I 键，C=C 伸缩振动主要来自不饱和脂肪酸
1612	苯丙氨酸的环振动，主要来自蛋白质、阿斯巴甜
1564	N—H 变形振动，酰胺 II 键的 C—N 伸缩振动，可能主要来自蛋白质
1460	CH₂ 变形振动，可能主要来自糖类和脂肪分子
1312	CH₂ 扭曲振动，可能主要来自脂肪酸
1270	CH₂ 扭曲振动，可能主要来自糖类
1137	C—C 伸缩振动、C—O 伸缩振动以及 C—O—H 变形振动，主要可能来自糖类
1081	C—C 伸缩振动、C—O 伸缩振动以及 C—O—H 变形振动，主要可能来自糖类

波数/cm^{-1}	归属
1012	苯丙氨酸的环振动，主要来自蛋白质、阿斯巴甜
930	C—O—C 变形振动、C—O—H 变形振动和 C—O 伸缩振动，主要可能来自糖类
847	C—C—H 变形振动和 C—O—C 变形振动，主要可能来自糖类
627	C—C—O 变形振动
499	C—C—C 变形振动、C—O 扭曲振动

2. 酸奶拉曼光谱预处理分析

由图 3-13 可以看出，3 种品牌酸奶的拉曼光谱图在出峰位置上具有较高的相似性，说明酸奶成分较为一致，不过在峰形状、峰比上有些许差异，因此可用模式识别算法予以测试分析，本节选用 KNN 算法，在进行 KNN 判别分析时，研究发现可对酸奶拉曼光谱进行预处理，以提高判别准确性和运算效率[23]。首先，观察酸奶拉曼光谱（图 3-13），可以发现原始光谱图中存在噪声，噪声是机器采集信号时产生的随机信号，可能会对判别模型产生干扰。因此本节选用小波软阈值降噪方法进行谱图降噪预处理，基本步骤是针对谱图信号进行小波分解，选择 1 个小波并确定 1 个分解层次 N，对分解得到的小波系数进行阈值处理，最后根据小波分解的第 N 层的系数和高频系数进行信号的重构，得到平滑去噪后的谱图数据。图 3-14 展示了基于 Bior2.4 小波基的谱图降噪分析，图 3-14（a）为品牌 aa 酸奶的拉曼光谱原始信号，图 3-14（b）为小波变换低频系数谱图，图 3-14（c）为小波变换高频系数谱图，可以看出光谱噪声主要集中在高频中，图 3-14（d）为小波降噪后重构的光谱信号，可以较明显地看出，光谱谱线变得更为平滑。目前常用的小波基有 Bior、Coif、Db 和 Sym 系列，为此，比较了在固定判别模型其他参数的条件下（其他参数是主成分选取前 40 个，k 取 1，马氏距离，分解层数 $N=3$）仅改变小波基，又由于测试集、训练集的选取使用的是随机选取法，各取 5 次实验结果，计算平均识别率的变化情况，比较小波基降噪效果，如表 3-5 所示。同样测试条件下，未做小波降噪的平均识别率是 93.18%，可以看出经过小波降噪，可以明显提高识别率，在 Bior2.4 小波基条件下可以达到 99.70%。PCA 是一种线性特征提取，降低数据维度，提高运算效率的数据前处理方法，如图 3-15 和图 3-16 所示，拉曼光谱原有维度为 2090 维，经过主成分提取，仅需使用 40 个提取的主成分，即可以达到原有数据信息的累计贡献率 95%以上，在其他实验参数不变的条件下，其他参数是主成分选取前 40 个，k 取 1，马氏距离，分解层数 $N=3$，Bior2.4

小波基，经过计算发现未做主成分降维的平均识别率为 99.38%，实验平均用时为 0.8879 s，使用主成分降维的平均识别率为 99.70%，实验平均用时为 0.7838 s，实验识别率均可达到 90%以上，但实验用时减少了 0.1041 s，运算效率提高 10%以上。

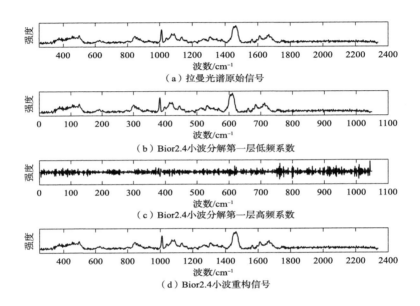

（a）拉曼光谱原始信号

（b）Bior2.4小波分解第一层低频系数

（c）Bior2.4小波分解第一层高频系数

（d）Bior2.4小波重构信号

图 3-14　小波降噪图

表3-5　小波降噪方法比较结果

指标	Bior1.1	Bior1.5	Bior2.2	Bior2.4	Bior3.1	Coif1	Coif2	Coif3	Coif4	Coif5
平均识别率	96.50%	98.82%	97.72%	99.70%	94.21%	99.13%	99.50%	98.95%	99.37%	99.25%
指标	Db1	Db2	Db3	Db4	Db5	Sym1	Sym2	Sym3	Sym4	Sym5
平均识别率	96.83%	98.98%	99.17%	99.35%	98.02%	96.75%	99.15%	99.07%	99.07%	98.10%

3. 酸奶分类识别分析

KNN 算法是模式识别中经典的分类识别方法，核心思想是根据样本在特征空间中的 k 个近邻样本中大多数属于某个类别，即判断该样本也属于该类别，因此，k 是 KNN 算法关键参数之一[24]。同时，计算类别时，常常使用马氏距离或欧氏距离，为此，比较了在固定判别模型其他参数的条件下（其他参数选择

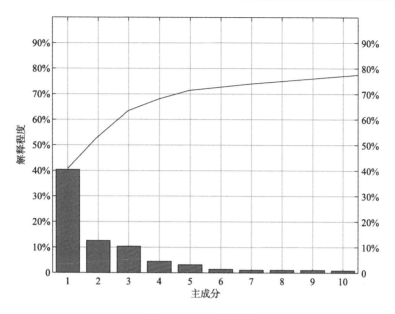

图 3-15　PCA 排列图

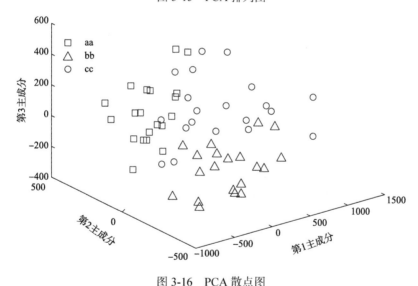

图 3-16　PCA 散点图

如下：主成分选取前 40 个，分解层数 $N=3$，Bior2.4 小波基），不断改变 k 的取值，讨论了分别在马氏距离、欧氏距离条件下，判别模型的 5 次平均识别率，结果如表 3-6 所示。从表 3-6 可以看出，$k=1$ 时，平均识别率值最大，接近 100%，随着 k 值的增加，平均识别率均逐渐下降，说明在本实验体系条件下，k 取值为 1 是最适宜的。比较马氏距离和欧氏距离结果，平均识别率差异不明显，进一步结合已有文献报道认为，欧氏距离是根据两点间对应坐标值之差的平方和再开方进行计算，而马氏距离是用协方差阵来把距离标准化后转化为无量纲的量来作为样本空间中两点的距离，判别结果更为合理，因此，本节最终优化选择使用马氏距离实现 KNN 判别。

表3-6　k取值优化表

指标	$k=1$	$k=3$	$k=5$	$k=7$	$k=9$	$k=11$	$k=13$	$k=15$	$k=17$	$k=19$
平均识别率 （马氏距离）	99.70%	98.85%	98.77%	96.31%	94.83%	92.60%	91.90%	90.38%	89.02%	88.18%
平均识别率 （欧氏距离）	99.65%	98.67%	98.65%	96.37%	94.67%	92.33%	91.50%	89.73%	89.18%	88.18%

本节研究了基于拉曼光谱的市售品牌酸奶鉴别分析，通过采集与分析酸奶的拉曼光谱，展现了拉曼光谱快捷的采集优势，每个样品拉曼光谱采集仅需 100 s，光谱解析揭示了酸奶丰富的营养成分表征信息，尤其是氨基酸、多肽含量丰富。尽管实验随机选择的三种品牌酸奶拉曼光谱具有极高的相似性，但经过谱图预处理和参数优化筛选后，得到适用于实验体系的最优条件:小波降噪(分解层数 $N=3$，Bior2.4 小波基)，PCA 选取前 40 个主成分 (累计贡献率超过 95%)，KNN ($k=1$，马氏距离)，建立了以优化的 KNN 算法为识别手段的快速识别方法。研究结果显示在最优参数条件下，平均识别率达到 99.70%，智能判别时间仅需不到 1 s。由此，建立了一种快速、准确判别酸奶品牌质量的鉴别方法，并可为其他食品品质控制智能技术研发提供借鉴。

3.4　基于离子迁移谱的党参及其易混伪品的鉴别研究

党参（ *Radix Codonopsis* ）是桔梗科党参属植物党参［ *Codonopsis pilosula* (Franch.) Nannf.］、素花党参［ *Codonopsis pilosula* (Franch.) Nannf. var. *modesta* (Nannf.) L.T.Shen］或川党参（ *Codonopsis tangshen* Oliv. ）的干燥根，具有补中益气、健脾益肺等功效，但是随着使用需求的不断增大，野生党参数量愈发短缺，人工栽培产量与市场需求易出现供需矛盾,混伪品时有发生[25-27]。银柴胡(*Stellaria dichotoma* L. var. *lanceolata* Bge)是党参较为常见的易混伪品，功效主要为清虚热、

除疳热[28]，夜关门［*Lespedeza cuneata* (Dum.-Cours.) G. Don］同样是党参较为常见的易混伪品，其功效主要为益肝明目、清热活血[29]，可见党参及其易混伪品间功效存在不同，不可混用。

　　常见的中药材质量控制鉴别技术主要可归结于以下两类方法，一是基源鉴定、性状鉴定和显微鉴定，但这些鉴定方法存在一定的人为性[30, 31]；二是理化鉴定和仪器分析方法，但测试时间一般较长，仪器也一般较为昂贵[32, 33]。离子迁移谱是近年来获得快速发展的一种新型分析技术，具备样品用量少，分析速度快等优点[34]。因此，本节利用离子迁移谱技术对党参及其易混伪品银柴胡、夜关门进行了分析鉴定，以期为党参质量评价提供崭新方法。

3.4.1　实验部分

1. 仪器、实验方法与谱图采集条件

　　使用高速多功能粉碎机分别处理党参、银柴胡、夜关门样品并获得相应粉末。分别称取 100 mg 党参或银柴胡、夜关门粉末样品，加入 30 mL 甲醇溶液中，100℃条件下磁力搅拌，保持冷凝水回流，2 h 后停止反应，反应体系自然冷却，过滤收集滤液，保存此滤液以备测试使用。使用电喷雾离子迁移谱仪，正、负离子模式，离子源电压 2000 V，迁移管电压 8000 V，载气温度 180 ℃，迁移管温度 180 ℃，载气流速 1.00 L/min，进样速度 1.20 μL/min，门电压 45 V，门脉冲宽度 65 μs。

2. 相似度计算

　　相似度计算分别使用相关系数函数及夹角余弦函数，公式如下：

$$相关系数 = \frac{\sum_{i=1}^{n}(x_i - \bar{x})(y_i - \bar{y})}{\sqrt{\sum_{i=1}^{n}(x_i - \bar{x})^2 \sum_{i=1}^{n}(y_i - \bar{y})^2}}$$

$$夹角余弦值 = \frac{\sum_{i=1}^{n} x_i y_i}{\sqrt{\sum_{i=1}^{n} x_i^2 \sum_{i=1}^{n} y_i^2}}$$

其中，x_i 和 y_i 分别表示两个样品离子迁移谱在第 i 个变量处的强度值；$\bar{x}$ 和 $\bar{y}$ 分别表示两个样品离子迁移谱强度的平均值；n 表示离子迁移谱中变量的总数。

3.4.2　结果与讨论

1. 电喷雾离子迁移谱原理

电喷雾离子迁移谱是以电喷雾软电离的方式实现在标准大气压条件下样品物质离子分析的一项技术[35-37]。如图 3-17 所示，党参等中药材样品的甲醇提取液经微量注射器注入仪器，以电喷雾方式引入电离反应区，中药溶液样品分子在电离源区域发生电离生成离子，离子在电场作用下通过离子栅门进入迁移区，并在电场的作用下经过迁移区到达检测器。不同质量或结构的离子在电场作用下其迁移率不同，因而不同离子表现出不同的迁移速度，进而依次到达检测器，湮灭后所产生的电流经过放大和转化后以电压信号输出，获得的样品的离子强度和迁移时间的关系图即为离子迁移谱图。

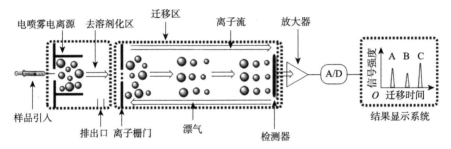

图 3-17　电喷雾离子迁移谱原理示意图

A/D 表示模数转换器，A、B、C 分别表示物质 A、物质 B、物质 C

2. 不同离子模式下党参、银柴胡、夜关门测试结果分析

党参、银柴胡、夜关门化学组成及含量存在差异，因而它们在离子迁移谱图上表现出峰位、峰强的不同。如图 3-18 所示，分别为党参、银柴胡、夜关门在负离子模式、正离子模式下的离子迁移谱图。实验体系所用溶剂为甲醇，谱图分析时可不考虑甲醇溶剂的谱峰信息。在负离子模式下［图 3-18（a）］，由于甲醇溶剂峰一般在 8 ms 之前，本实验中 9 ms 之前的离子迁移谱峰不做分析，党参与银柴胡、夜关门出峰信号差异明显，党参负离子峰在 9.5 ms、10 ms、10.6 ms、11.1 ms 和 12.2 ms，银柴胡仅在 9 ms 和 10 ms 有小峰，夜关门仅在 9.5 ms 和 10 ms 有小峰。在正离子模式下［图 3-18（b）］，甲醇溶剂峰同样存在，一般在 9 ms 之前，10 ms 之前的离子迁移谱峰不做分析。党参、银柴胡、夜关门出峰信号均不是很明显，党参正离子峰主要在 14.1 ms，银柴胡正离子峰主要在 12.9 ms，夜关门正离子峰主要在 13.6 ms。

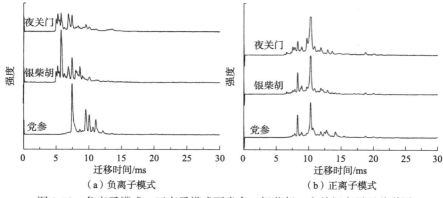

（a）负离子模式　　　　　　　　　　（b）正离子模式

图 3-18　负离子模式、正离子模式下党参、银柴胡、夜关门离子迁移谱图

3. 多批次党参相似度计算结果分析

由实验获知，负离子模式下，党参的离子迁移谱信息丰富，与混伪品差异较大，进一步研究负离子模式电喷雾离子迁移谱测试条件下，多批次党参间谱图差异情况。随机选择 10 批次党参样本，分别采集其离子迁移谱图，使用相似度计算中的相关系数函数、夹角余弦函数分析党参质量波动情况。使用 10 批次党参离子迁移谱强度均值为党参样本真值的最佳估计值，进而分别计算 10 批次党参离子迁移谱图与均值谱图间相关系数及夹角余弦值，为避免溶剂峰对计算结果的影响，实验选择 9～15 ms 的离子迁移谱强度为计算范围，计算结果分别如图 3-19 所示。结果显示，党参样本离子迁移谱强度与其均值的相关系数值范围为 0.974～0.998，党参样本离子迁移谱强度与其均值的夹角余弦值范围为 0.989～0.999，表明党参样本离子迁移谱强度与其均值间相似度高，质量波动小。进一步，计算得出党参样本离子迁移谱强度与其均值的相关系数值的质量波动范围为 0.988 ± 0.007，0.988 为各党参样本离子迁移谱强度与其均值间的相关系数值的均值，0.007 为标准偏差。与此同时，计算得出党参样本离子迁移谱强度与其均值的夹角余弦值的质量波动范围在 0.996 ± 0.003，0.996 为各党参样本离子迁移谱强度与其均值间的夹角余弦值的均值，0.003 为标准偏差。

4. 银柴胡、夜关门离子迁移谱数据与党参样品离子迁移谱数据均值间相似度计算结果分析

进一步采集党参混伪品银柴胡、夜关门的负离子模式下离子迁移谱图，并分别计算了其与党参样品离子迁移谱数据均值间的相关系数值、夹角余弦值，结果如图 3-20 所示。银柴胡离子迁移谱数据与党参样品离子迁移谱数据均值间的相关系数值为 0.641，夹角余弦值为 0.901，夜关门离子迁移谱数据与党参样品离子迁移谱数据均值间的相关系数值为 0.711，夹角余弦值为 0.914。

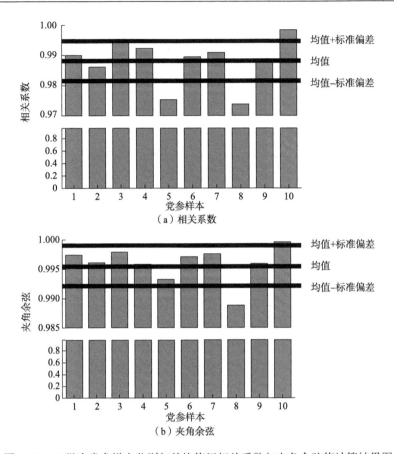

图 3-19　10 批次党参样本分别与其均值间相关系数与夹角余弦值计算结果图

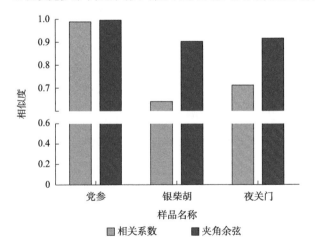

图 3-20　党参相似度结果的平均值及银柴胡、夜关门离子迁移谱数据分别与党参样品离子迁移谱数据均值间相似度结果

　　由于党参、银柴胡、夜关门在外观上较为相似，已有文献报道的鉴别方法或存在人为风险，或操作较为烦琐，尚未见利用离子迁移谱技术的党参、银柴胡、夜关门鉴别研究。离子迁移谱作为一种分析技术，在本实验中具有多种优势：①样品用量少，仅需数十微升甲醇提取液，即可完成待测样品信号的采集；②分析速度快，上样测试至结果输出用时不到 1 min；③设备体积小，便于携带，可用于现场在线实验分析。通过对党参、银柴胡、夜关门的离子迁移谱图研究，发现正离子模式下党参与银柴胡、夜关门出峰均不明显，负离子模式下党参等药材信号丰富，可推知党参、银柴胡、夜关门等中药材的甲醇提取液中负电性分子含量较为丰富。迁移时间在 9～15 ms 范围，党参与银柴胡、夜关门离子迁移谱图有明显差异，因此，9～15 ms 可作为区分党参及其易混伪品的特征信号区间。

　　进一步利用相似度评估中的相关系数法、夹角余弦方法分别针对多批次党参，党参及其易混伪品的相似程度进行量化分析。从多批次党参离子迁移谱数据与其均值间的相似度结果可以看出，党参样本间质量波动差异较小，相关系数、夹角余弦值的均值接近于 1，且标准偏差值较小。同样条件下，银柴胡、夜关门离子迁移谱数据与党参样本离子迁移谱数据均值的相关系数值、夹角余弦值则相对较小，分别远小于 0.988 和 0.996，由此，可以量化区分党参及其易混伪品。

　　因此，本节所采用的离子迁移谱作为一种新型分析技术，在党参及其易混伪品的鉴别分析中有着极高的潜在应用价值。结合相似度函数，可实现党参及其易混伪品间的量化分析评估，并可供其他中药材真伪鉴别研究借鉴。

参 考 文 献

[1] 徐建华. 我国乳业将迎来更严监管. 中国质量报，2016-04-08，（2）.

[2] 史若天. 探析公共食品安全事件中政府的舆论引导策略——以 2016 年上海"假奶粉"事件为例. 新闻研究导刊，2016，7（12）：334.

[3] 张正勇，沙敏，刘军，等. 基于高通量拉曼光谱的奶粉鉴别技术研究. 中国乳品工业，2017，45（6）：49-51.

[4] 张正勇，沙敏，冯楠，等. 基于统计过程控制的液态奶脱脂工序评价分析. 食品安全导刊，2017，（28）：66-69.

[5] Zhang Z Y, Liu J, Wang H Y. Microchip-based surface enhanced Raman spectroscopy for the determination of sodium thiocyanate in milk. Analytical Letters，2015，48（12）：1930-1940.

[6] Nieuwoudt M K, Holroyd S E, McGoverin C M, et al. Rapid, sensitive, and reproducible screening of liquid milk for adulterants using a portable Raman spectrometer and a simple,

optimized sample well. Journal of Dairy Science，2016，99（10）：7821-7831.

[7] Rodrigues P H Jr，de Sá Oliveira K ，de Almeida C E R，et al. FT-Raman and chemometric tools for rapid determination of quality parameters in milk powder：classification of samples for the presence of lactose and fraud detection by addition of maltodextrin. Food Chemistry, 2016, 196：584-588.

[8] Zhang Z Y，Sha M，Wang H Y. Laser perturbation two-dimensional correlation Raman spectroscopy for quality control of bovine colostrum products. Journal of Raman Spectroscopy，2017，48（8）：1111-1115.

[9] Almeida M R，de S. Oliveira K，Stephani R，et al. Fourier-transform Raman analysis of milk powder：a potential method for rapid quality screening. Journal of Raman Spectroscopy，2011，42（7）：1548-1552.

[10] Zhang Z Y，Gui D D，Sha M，et al. Raman chemical feature extraction for quality control of dairy products[J]. Journal of Dairy Science，2019，102（1）：68-76.

[11] Grelet C，Fernández Pierna J A，Dardenne P，et al. Standardization of milk mid-infrared spectrometers for the transfer and use of multiple models. Journal of Dairy Science，2017，100（10）：7910-7921.

[12] 孙雪杉，杨仁杰，杨延荣，等. 不同预处理方法对二维相关谱的影响研究 I ——标准化方法. 天津农学院学报，2015，22（4）：13-16，20.

[13] da Rocha R A，Paiva I M，Anjos V，et al. Quantification of whey in fluid milk using confocal Raman microscopy and artificial neural network. Journal of Dairy Science，2015，98（6）：3559-3567.

[14] Wang J P，Xie X F，Feng J S，et al. Rapid detection of *Listeria monocytogenes* in milk using confocal micro-Raman spectroscopy and chemometric analysis. International Journal of Food Microbiology，2015，204：66-74.

[15] Mendes T O，Junqueira G M A，Porto B L S，et al. Vibrational spectroscopy for milk fat quantification：line shape analysis of the Raman and infrared spectra. Journal of Raman Spectroscopy，2016，47（6）：692-698.

[16] Cebi N，Dogan C E，Develioglu A，et al. Detection of l-cysteine in wheat flour by Raman microspectroscopy combined chemometrics of HCA and PCA. Food Chemistry，2017，228：116-124.

[17] Qi M H，Huang X Y，Zhou Y J，et al. Label-free surface-enhanced Raman scattering strategy for rapid detection of penicilloic acid in milk products. Food Chemistry，2016，197：723-729.

[18] McGoverin C M，Clark A S S，Holroyd S E，et al. Raman spectroscopic quantification of milk powder constituents. Analytica Chimica Acta，2010，673（1）：26-32.

[19] Mazurek S，Szostak R，Czaja T，et al. Analysis of milk by FT-Raman spectroscopy. Talanta，2015，138：285-289.

[20] Chen J B，Zhou Q，Noda I，et al. Quantitative classification of two-dimensional correlation spectra. Applied Spectroscopy，2009，63（8）：920-925.

[21] Zhang Z Y，Sha M，Liu J，et al. Rapid quantitative analysis of Chinese Gu-Jing-Gong spirit for

its quality control. Journal of the Institute of Brewing，2017，123（3）：464-467.

[22] 刘文涵，杨末，张丹. 苯丙氨酸银溶胶表面增强拉曼光谱的研究. 光谱学与光谱分析，2008，28（2）：343-346.

[23] 王海燕，桂冬冬，沙敏，等. 拉曼光谱结合模式识别算法用以牛奶制品智能判别与参数优化. 中国奶牛，2018，（2）：55-60.

[24] 王海燕，宋超，刘军，等. 基于拉曼光谱–模式识别方法对奶粉进行真伪鉴别和掺伪分析. 光谱学与光谱分析，2017，37（1）：124-128.

[25] 姚增奇. 常用中药党参及其伪品的经验鉴别方法. 中国医药指南，2013，11（22）：650-651.

[26] 赵江燕，王东，高建平. 道地药材"潞党参"与常用商品党参鉴别研究. 中华中医药学刊，2015，33（1）：76-79，7.

[27] 黄冬兰，陈小康，徐永群，等. 纹党参与白条党参红外光谱的 SIMCA 聚类鉴别方法研究. 分析测试学报，2009，28（12）：1440-1443.

[28] 张朝辉. 党参及其伪品鉴别. 实用中医药杂志，2011，27（9）：636.

[29] 黄冬兰，孙素琴，徐永群，等. 红外光谱法与党参及其伪品夜关门的分析与鉴定. 现代仪器，2008，（5）：22-25.

[30] 钱云川，周乐敏. 党参及其伪品家种银柴胡的鉴别. 中国药业，2001，10（5）：59.

[31] 李晓琳，邵爱娟，展晓日，等. 沙苑子及其伪品直立黄芪的显微鉴别研究. 中国中药杂志，2015，40（7）：1271-1273.

[32] 邹元锋，曹朝生，刘江，等. 党参质量评价研究进展. 中草药，2010，41（3）：503-506.

[33] 陈前锋，侯鹏，刘巧，等. 红外光谱法快速鉴别不同产地中药党参的研究. 西南大学学报（自然科学版），2016，38（6）：188-194.

[34] 张正勇，宋超，沙敏，等. 基于二维相关离子迁移谱的中药材鉴别技术研究. 光谱学与光谱分析，2016，36（S1）：441-442.

[35] Hilton C K，Krueger C A，Midey A J，et al. Improved analysis of explosives samples with electrospray ionization-high resolution ion mobility spectrometry（ESI-HRIMS）. International Journal of Mass Spectrometry，2010，298（1/2/3）：64-71.

[36] 李灵锋，王铁松，韩可，等. 利用高场非对称波形离子迁移谱技术快速鉴别降糖中药中的西药成分. 分析化学，2014，42（4）：519-524.

[37] 叶雅真，骆和东，张璨雯，等. 电喷雾-离子迁移谱法快速筛查保健品和中成药中 5 种违禁化学药物. 食品安全质量检测学报，2016，7（10）：4050-4058.

第4章 基于生化的食药质量安全检测技术

相对于感官和理化检测技术，基于生化的食药质量安全检测技术更具优势。质谱检测技术具有范围广、灵敏度高、定性定量分析能力强等诸多优点，在食品溯源分析领域中被广泛使用，尤其适用于食品中特征小分子化合物、污染物、掺假物的分析和检测，如磺胺类和喹诺酮类物质等。质谱可以实现对食品中特征标志物的分析和检测，进而实现对不同食品的产地溯源。

4.1 食药质量安全分析质谱检测技术基本概念

除了水和无机盐之外，活细胞的生物化学物质主要由碳原子与氢、氧、氮、磷、硫等结合组成，分为大分子和小分子两大类。前者包括蛋白质、核酸、多糖和以结合状态存在的脂质；后者有维生素、激素、各种代谢中间物以及合成生物大分子所需的氨基酸、核苷酸、糖、脂肪酸和甘油等。在不同的生物中，还有各种次生代谢物，如萜类、生物碱、毒素、抗生素等。食药质量安全分析质谱检测技术是综合运用质谱技术手段，获得食药中蛋白质、核酸、微生物、抗生素等污染物或添加剂等指标信息的检测方法。

4.1.1 质谱

质谱（mass spectrum，MS）的基本原理是通过任何合适的方法从有机化合物中生成离子，通过质荷比（m/z）分离这些离子，进行定性检测，通过它们各

自的 m/z 和丰度进行定量分析。质谱可以通过电场或通过冲击高能电子、离子或光子对分析物进行热离子化。离子可以是单个离子化的原子、原子簇、分子或其片段及缔合体。离子分离受到静电或动态电场或磁场的影响。质谱的定义可以追溯到 1968 年，虽然当时有机质谱的应用刚刚起步，但它到现在一直在使用。但是，它的定义应该添加一些内容。首先，样品的电离不仅可以通过电子来实现，而且还可以通过（原子）离子或光子、高能中性原子、电子激发原子、团簇离子甚至带静电的微滴实现。其次，如飞行时间分析仪所证明的那样，如果离子在飞行路径的入口处具有明确定义的动能，则也可以在无磁场的区域进行不同 m/z 的离子分离。

4.1.2　质谱仪

显然，几乎所有用于实现气相色谱中离子的电离、分离和检测的技术都可以应用于质谱中。幸运的是，所有质谱仪都遵循一个简单的基本准则。质谱仪由在程序高真空条件下运行的离子源、质量分析器和检测器组成。仔细观察这种设备检测程序的前端，可能会分离出样品引入、蒸发和连续电离或解吸/电离的步骤，但是，将这些步骤中的每个步骤彼此明确地区分并不是一件容易的事。如果仪器的生产日期相对较新，则它将具有一个数据系统，该系统可以收集和处理来自检测器的数据。自 20 世纪 90 年代以来，质谱仪已完全配备并由数据系统控制。

在质谱仪中检查其分析物的消耗是一个值得我们注意的方面：尽管其他仪器分析方法（如核磁共振、红外或拉曼光谱法）允许样品回收，但质谱法具有破坏性，即消耗分析物。从样品分析过程中通过质量分析器到达检测器的电离和平移运动的过程中可以明显看出这一点。虽然消耗了一些样品，但实际上仍可以认为它是无损的，因为所需分析物的质量在低微克范围内，甚至低于几个数量级。反过来，质谱分析的极低样品消耗量使其成为大多数分析要求的首选方法，因为它可以从纳克量的样品中获得分析信息。

4.1.3　质谱图

质谱是信号强度（纵坐标）与 m/z（横坐标）的二维表示。通常称为信号的峰位置反映了从离子源内的分析物产生的离子的 m/z。该峰的强度与离子的丰度相关。通常，最高 m/z 的峰是检测到完整的离子化分子即分子离子 $M^{+\cdot}$ 产生的。

分子离子峰通常在较低的 *m/z* 处伴随着多个峰，这是由于分子离子裂解而产生碎片离子。因此，质谱中的各个峰可以称为碎片离子峰。质谱图中最强的峰称为基峰。在大多数质谱数据表示中，基本峰的强度被归一化为 100%相对强度。这在很大程度上使质谱更容易进行比较，也可以进行归一化，因为相对强度基本上不依赖于检测器记录的绝对离子丰度。

质谱图通常表示为条形图或直方图，这种类型图在质谱分析中很常见，并且只要峰得到很好的分辨即可。可以从测得的峰高获得峰强度，或更准确地从峰面积获得峰强度。根据其 *m/z* 确定信号的位置。质谱列表可以更准确地报告分子量和强度数据。

4.1.4　蛋白质

蛋白质是组成人体一切细胞、组织的重要成分。机体所有重要的组成部分都需要蛋白质的参与。一般说，蛋白质约占人体全部质量的 18%。蛋白质是生命的物质基础，是有机大分子，是构成细胞的基本有机物，是生命活动的主要承担者。没有蛋白质就没有生命。氨基酸是蛋白质的基本组成单位。它是与生命及与各种形式的生命活动紧密联系在一起的物质。机体中的每一个细胞和所有重要组成部分都有蛋白质参与。蛋白质占人体重量的 16%～20%，即一个 60 kg 的成年人其体内约有蛋白质 9.6～12 kg。人体内蛋白质的种类很多，性质、功能各异，但都是由 20 种氨基酸按不同比例组合而成的，并在体内不断进行代谢与更新。所以蛋白质可定义为：由多种氨基酸通过肽键相连而形成的高分子含氮有机化合物。一般蛋白质的分子量很高，而且分布广，不同种类的蛋白质的分子量可以从几万到几千万不等。

4.1.5　核酸

核酸是由核苷酸或脱氧核苷酸通过 3′,5′-磷酸二酯键连接而成的一类生物大分子，为生命的最基本物质之一。核酸大分子可分为两类：DNA 和 RNA。核酸具有非常重要的生物功能，主要是贮存遗传信息和传递遗传信息，是所有已知生命形式必不可少的组成物质，是所有生物分子中最重要的物质之一，广泛存在于所有动植物细胞、微生物体内。

DNA 和 RNA 都是由一个个核苷酸头尾相连形成的，由 C、H、O、N、P 五种元素组成。DNA 是绝大多数生物的遗传物质，RNA 是少数不含 DNA 的病毒〔如人类免疫缺陷病毒（human immunodeficiency virus，HIV）、流感病毒、严重急性呼吸综合征（severe acute respiratory syndrome，SARS）病毒等〕的遗传物质。

核酸在蛋白质的复制和合成中起着贮存与传递遗传信息的作用。核酸不仅是基本的遗传物质，而且在蛋白质的生物合成中也占有重要位置，因而在生长、遗传、变异等一系列重大生命现象中起决定性的作用。

4.1.6　微生物

微生物是广泛存在于自然界中的一类肉眼不可见，必须借助光学显微镜或电子显微镜放大数百倍、数千倍甚至数万倍才能观察到的微小生物的总称。它们具有结构简单、繁殖迅速、容易变异、种类多、分布广、体形微小等特点。微生物可分为非细胞型微生物、原核细胞型微生物、真核细胞型微生物三大类。

微生物在自然界中的分布极为广泛，空气、土壤、江河、湖泊、海洋中都有数量不等、种类不一的微生物存在。在人类、动物和植物的体表及其与外界相通的腔道中也有多种微生物存在。

4.2　基于质谱芯片的食品中药物残留检测技术

如今，食品中抗菌药的残留引起了监管机构和消费者的极大关注，因为残留的兽药会对人类健康造成不良影响[1]。为了确保食品安全，快速筛选方法对于兽药残留的例行和大规模的检测是十分必要的。生物传感器，特别是基于亲和作用力原理设计的传感器，在抗菌药残留的快速筛选领域具有巨大应用前景[2]，其具有操作简单、分析时间短、选择性良好和灵敏度高以及对人员操作熟练度要求低等优点[3]。光学、电化学、基于热或声的转换器是这些生物传感器中的常见信号传导器[4]。其中，ELISA[1]和横流免疫测定[5]是使用最广泛的生物传感器测定方法，它们通常采用比色法来实现定性或定量分析。但是，由于缺乏目标物的分子量和结构信息，常出现高比例的假阳性结果[6]。因此，迫切需要一种简单、快速并且准确的兽药残留定量和定性分析方法。

建立使用质谱作为信号换能器的传感方法可以促进准确快速的兽药残留检测[7, 8]。质谱检测可以识别使用单一生物受体难以区分的分析物，大大提高生物传感方法的准确性。例如，Wang 等报道了一种抗体修饰的氧化石墨烯纳米角，用于分离和富集河水与人血清样品中的氯霉素，然后他们使用 MALDI-TOF-MS 来检测目标分析物[7]。Gan 等制备适配体功能化的 $SiO_2@Au$ 纳米壳，并结合 MALDI-TOF-MS 技术，实现了牛奶样本中的卡那霉素的富集和分析[8]。和常规的兽药残留检测方法——色谱串联质谱方法相比，基于 MALDI-TOF-MS 检测的生物传感方法要简单得多，并且完成检测需要的时间更短。然而，这些已经报道的富集体系只进行了单一目标分子的检测，且没有建立完整的定量策略[7-10]。

　　MALDI-TOF-MS 是一种用于大分子的高通量和快速分析的行之有效的分析技术。业界对于新型 MALDI 基质的勘探已经解决了小分子检测领域面临的低质量区域（$m/z<500$）的基质干扰和信号重现性差的问题[11-15]。特别地，表面增强激光解吸电离飞行时间质谱（surface enhanced laser desorption ionization time-of-flight mass spectrometry，SELDI-TOF-MS）技术，采用纳米材料作为目标物吸附剂和 MALDI 基质，可以从复杂样本中有选择性地富集靶标物质并进行原位检测，在实际样本的应用中具有很大的潜力[11, 13, 16]。然而，只有少数具有芳香基团的分析物被报道是可行的，它们的作用机制主要是疏水相互作用和 π-π 堆积相互作用[11, 15, 17, 18]，或是将亲和配体偶联到纳米材料中作为 SELDI 探针[7-9]，这就要求我们寻求具有结合位点的纳米材料并且摸索反应条件，因此前两种方法不具有普遍适用性。此外，每次 MALDI 质谱测量，都需要商品化钢板的清洗和样本制样两个步骤，操作烦琐、耗时，并且不适用于大量样本的高通量分析。这些挑战都大大限制了 MALDI-TOF-MS 技术在抗菌药的快速筛选中的应用。

　　在这里，我们报道了一种一次性的二硫化钼（MoS_2）阵列的 MALDI 质谱芯片，并结合免疫亲和富集方法，用于高通量、快速定量多个复杂样品中的磺胺类药物（sulfonamides，SAs）。我们的研究证明，MoS_2 作为 MALDI 基质在药物小分子的检测方面表现出良好的性能[19]。基于以往的成果，我们在此进一步展示了一次性 MALDI 质谱芯片的制备和应用，其作为一次性的、价格低廉的导电样品板用于标准 MALDI-TOF 质谱仪中。我们使用基于抗体的免疫亲和磁分离技术作为样品富集和纯化方法，用于提高检测灵敏度和抗杂质干扰能力。我们还引入了"内标物质（internal standard substances，IS）优先"方法，以简化 MALDI-TOF-MS 定量的实验过程。结果表明，含有 IS 的 MoS_2 阵列 MALDI 质谱芯片可以在单块芯片上实现多个标准校准曲线的建立和多个食品样本的高通量分析。

4.2.1　实验部分

1. 实验准备

商业化氧化铟锡（indium tin oxide，ITO）玻璃片（75 mm × 25 mm × 1.1 mm）购于深圳华南湘城科技有限公司。MoS_2 粉末购自 Alfa Aesar。磺胺类药物单克隆抗体（monoclonal antibody against sulfonamides，SA-mAb）由南京祥中生物科技有限公司提供。羧基化磁珠（d=1 μm）购自南京东纳生物科技有限公司。高效液相色谱级甲醇、正丁基锂（浓度为 1.6 mol/L，储存在正己烷中）、2-吗啉乙磺酸（2-[N-morpholino]ethane sulfonic acid，MES）、1-（3-二甲氨基丙基）-3-乙基碳二亚胺盐酸盐（N-[3-(dimethylamino)propyl]-N-ethylcarbodimide hydrochloride，EDC）、牛血清白蛋白（bovine serum albumin，BSA）、磺胺醋酰（sulfacetamide，SA）、磺胺吡啶（sulfapyridine，SPY）、磺胺嘧啶（sulfadiazine，SDZ）、磺胺甲噁唑（sulfamethoxazole，SMZ）、磺胺噻唑（sulfathiazole，STZ）、磺胺异噁唑（sulfisoxazole，SIX）、磺胺二甲基嘧啶（sulfamethazine，SM2）、磺胺间甲氧嘧啶（sulfamonomethoxine，SMM）、磺胺氯哒嗪（sulfachloropyridazine，SCP）、磺胺喹噁啉（sulfaquinoxaline，SQX）、磺胺二甲氧嘧啶（sulfadimethoxine，SDM）和磺胺二甲氧嘧啶-d6（sulfadimethoxine-d6，SDM-d6）购于 Sigma-Aldrich。

BioTek 多用途酶标仪用于检测 MoS_2 纳米片的紫外-可见吸收光谱。ITO 芯片上的 MoS_2 基质的表面形态用 S-4800 扫描电子显微镜（scanning electron microscope，SEM）进行分析。沉积有 MoS_2 基质的 MALDI 质谱芯片的图像由装配在质谱仪器内部的照相机获得。

2. 实验前处理

1）MoS_2 阵列质谱芯片的制备

MoS_2 纳米片根据之前报道的化学剥脱法[19]制备得到。简言之，称取 3 g MoS_2 粉末，加入 30 mL 正丁基锂己烷溶液（1.6 mol/L）中，在 50 mL 聚四氟乙烯的高压反应釜中反应 4 h，温度为 100 ℃。然后将溶液转移到烧瓶中，并在氮气气氛下搅拌反应 48 h。反应结束后，将悬浮液通过滤纸过滤，并用 200 mL 己烷洗涤 3 次，得到 MoS_2 插层化合物的黑色粉末。然后将黑色粉末加入 200 mL 的纯水中，并超声处理 4 h。之后在 3000 r/min 下离心以除去未剥落的 MoS_2。最后将所得到的 MoS_2 纳米薄片用水洗涤 3 次，并分散在超纯水中。

所得溶液的浓度通过称重法计算，并配制成浓度为 0.5 mg/mL 的 MoS_2 溶液。为制备矩阵阵列的芯片，我们设计并获得了具有 96 个阵列点的黏性贴纸模板。该模板具有与 ITO 玻璃芯片相同的尺寸。将贴纸对准并附着到 ITO 玻璃片表面，随后将 1 μL 的 MoS₂ 溶液移至每孔内，在环境条件下干燥以形成薄的基质层。进行校准曲线实验时，在加样之前取 1 μL 5 ng/mL 的 SDM-d6 溶液预加到 MoS₂ 阵列上。然后将模板从 ITO 玻璃片上剥离，以形成 MoS₂ 排列的 MALDI 质谱芯片。

2）分析物溶液的配制

准确称取适量 12 种 SAs 标准品，用甲醇配制成浓度为 10 mg/mL 的标准储备液。12 种标准储备溶液用超纯水稀释至 200 ng/mL～500 μg/mL。SDM 也用 1×PBS （phosphate buffer solution，磷酸盐缓冲液）连续稀释至 200 pg/mL～10 ng/mL。12 个 SAs 的混合标准溶液（50 μg/mL）通过用超纯水稀释和混合储备溶液制备得到。SMZ、SM2、SMM、SQX 和 SDM 的混合标准工作溶液用 1×PBS 稀释制备。所有标准溶液保存在 4℃。

3）质谱分析的样品制备

在 MALDI 质谱芯片的基质点上滴加 1 μL 的分析物溶液，包括 SA、SPY、SDZ、SMZ、STZ、SIX、SM2、SMM、SCP、SQX、SDM 和 SDM-d6，在室温下放置直至风干。然后将 MALDI 质谱芯片用双面胶带固定在目标靶板上，进行 MALDI-TOF-MS 分析。

4）磺胺单抗偶联的磁性微球的制备

SA-mAb 与羧基化磁珠的偶联是按照制造商给出的说明书进行的：10 mg（1 mL）羧基化磁珠用 1 mL MES 缓冲液（15 mmol/L MES，pH 6.0）洗涤两次，重悬在含有 500 μg SA-mAb 的 900 μL MES 缓冲液中，轻摇混匀后，置于旋转器中孵育 30 min。然后加入新鲜制备的 100 μL 的 EDC 偶联液（10 mg/mL EDC），继续在旋转器中孵育 3 h。磁珠用 1 mL 清洗液（15 mmol/L PBS，pH 7.4，0.1% Tween 20）清洗以除去未反应的 SA-mAb，最后再重悬于 1 mL 的保存液（15 mmol/L PBS，pH 7.4，0.1% Tween 20，0.1% BSA）。为了量化羧基化磁珠上耦合的 SA-mAb 的量，收集每次清洗后的上清液并且使用 BCA（bicinchoninic acid，二喹啉甲酸）蛋白质试剂盒来进行蛋白质定量。制备得到的磺胺单抗偶联的磁性微球（记为 SA-mAb/MB）溶液保存在 4℃以待使用。

3. 样品分析

1）免疫亲和提取与富集目标磺胺

取 500 μL SA-mAb/MB，用 1×PBS 清洗后，加入 1 mL 样品溶液在室温下温和振荡反应 20 min。随用去离子水清洗 SA-mAb/MB 两次。之后加入 100 μL 甲醇溶液涡旋 10 s 以洗脱捕获的分析物，此步骤重复两次，最后将所有样品洗脱液收集于玻璃小试管中，洗脱液于 50℃下氮气吹干，用 5 μL 的去离子水溶解残渣，供 MALDI-TOF-MS 分析。

2）标准曲线的建立

对于多种 SAs 的定量，通过一系列不同浓度的 SMZ、SM2、SMM、SQX 和 SDM 组成的标准溶液（浓度范围为 0.5～10 ng/mL）获得标准校正曲线。SAs 溶液与 SA-mAb/MB 混合后，经过免疫亲和富集过程处理。进行相对定量时，将 5 μL 再次溶解的溶液多次移液到含有 IS 的 MALDI 质谱芯片上，最后进行 MALDI-TOF-MS 分析。

3）实际样品处理方法

空白加标样品用于加标回收实验。经高效液相色谱–质谱联用确认不含 SAs 的猪肉，鸡蛋和牛奶样品由江苏省农业科学院提供。对于猪肉和鸡蛋样品，将它们均化并在-20 ℃冷冻保存。对于牛奶样品，直接在 4 ℃贮存。实验前，将 5 种 SAs 的混合标准溶液加入均质样品中，得到浓度为 25 μg/kg、50 μg/kg 和 100 μg/kg 的 SAs 加标样品。实际分析样品（猪肉和鸡蛋）同样由江苏省农业科学院提供。样品前处理方法如下，准确称取 0.5 g 均化的样品置于离心管中。对于鸡蛋样品，加入 1 mL 乙腈，涡旋 1 min，摇床振荡提取 30 min，8000 r/min 离心 5 min。收集上清液，并用 1 mL 乙腈再次萃取残余物，合并提取液。对于猪肉样品进行同样的操作，除了提取试剂用 80%乙醇取代。收集 300 μL 提取后的上清液，并蒸发到接近干燥。加入 1.5 mL 1×PBS 复溶后过滤。取 1 mL 的滤液，与 SA-mAb/MB 混合进行亲和富集过程，最后进行 MALDI-TOF-MS 分析。

为了进行比较，实际猪肉和鸡蛋样品中的 SAs 的浓度也通过高效液相色谱- ESI 串联质谱测定。样品按下述方法制备：20 mL 的乙腈和 5 g 的硫酸钠加入 0.5 g 样品中并充分混合。在室温下提取 2 min 之后，将样品在 3000 r/min 下离心 3 min，将上清液转移至新管。残余物重复提取 1 次，合并提取液用氮气流蒸发至接近干燥后，复溶于 2 mL 己烷/流动相（1∶1，v/v）混合液中，己烷用于提取脂肪。通过 3000 r/min 离心 3 min 分离流动相，并通过一个 220 nm（孔径）的滤膜进行过滤。

4）质谱分析

MALDI-TOF-MS 实验所用仪器为 4800 Plus MALDI-TOF/TOF 质谱仪，配备 Nd：YAG 激光器（波长 355 nm）。实验所采用的模式是负离子反射模式。每张谱图来自目标点上不同位置处 50 次扫描谱图的叠加，数据处理工作由 AB Sciex 的软件 Data Explorer 执行。

高效液相色谱-ESI MS/MS 实验用 Ailent 6410 三重四极杆液质联用仪器进行。所述色谱柱为 ZORBAX Eclipse Plus C18 柱（3.5 μm，2.1 mm×150 mm）。乙腈（包括 0.1%甲酸，记为 A）和 10 mmol/L 乙酸铵水溶液（记为 B）作为流动相。流速为 0.3 mL/min。流动性梯度洗脱开始为 15% A，在 2 min 内线性增加到 35% A，6 min 内线性变化至 70% B，6 min 后变为 45% B，在 8 min 后线性返回到 35% A，再在 8 min 后改到 15% A。SM2 的定量离子对和定性离子对分别为 279.0/186.0 和 279.0/156.0。

4.2.2　结果与讨论

1. 质谱芯片的表征和设计

MoS$_2$纳米片是通过锂插层和化学剥脱法[19]制备得到的。用锂离子插层剂正丁基锂嵌入块状 MoS$_2$ 层间，随后正丁基锂与水反应剥离成单片层。水和插入的锂之间会发生反应，从而在MoS$_2$层之间形成大量的氢气。氢气的膨胀使相邻的MoS$_2$层分开，最终形成剥离开的 MoS$_2$ 纳米片。然后我们制备了 MoS$_2$ 基质排列的MALDI 质谱芯片，此芯片含有直径为 1.9 mm 的 MoS$_2$ 阵列点。MALDI 质谱芯片的实物照片显示出 16×6 排布的阵列，阵列点形态分布均匀［图 4-1（a）］。单个基质点进一步通过配备在质谱仪器上的照相机进行观察，同样显示出均匀的基质点［图 4-1（c）］。SEM 图像进一步给出了 MoS$_2$ 基质点更详细的信息。如图 4-1（d）所示，MoS$_2$ 均匀分布并密布在阵列点上。基质的均匀分布有利于提高信号点和点之间的再现性与单个点内信号分布的准确性。

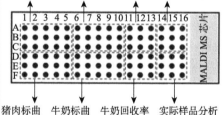

（a）一次性阵列MALDI MS芯片的光学图像　　　　　　（b）阵列格式

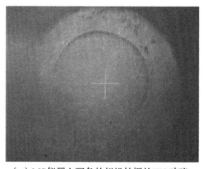

（c）MS仪器上配备的相机拍摄的ITO玻璃　　　　（d）ITO玻璃芯片上MoS$_2$基质的SEM图像
　　芯片上的一个MoS$_2$阵列点的照片

图 4-1　质谱芯片的表征和设计

SA-mAb 与羧基化磁珠的偶联反应以制造商给出的说明书进行操作。固定在羧基化磁珠表面上的 SA-mAb 的数量是亲和捕获与富集能力的关键。因此，SA-mAb 与羧基化磁珠反应之后，收集上清液，并使用 BCA 蛋白质试剂盒来定量。根据实验结果，磁珠上 SA-mAb 的平均固定量为 40.75 mg/g。基于 IgG 的分子量为 150 000，可以估算出约 0.27 nmol 的 SA-mAb 偶联到了 1 mg 的磁珠上。这个计算量有助于进一步评估 SAs 的捕获能力和指导实验条件的优化。在一块 MoS_2 阵列的 MALDI 质谱芯片上，我们能够实现定量曲线的确定、回收率测定和真实样品的分析。实验的设计如图 4-1（b）所示。如果有更多的样品需要测试，可以添加额外的 MALDI 质谱芯片。值得提及的是，此阵列芯片提供了用于多个样品的高通量和快速分析的策略。

2. 质谱芯片用于磺胺药物检测的性能评价

为了评估 MoS_2 阵列 MALDI 质谱芯片的性能，我们对一系列溶解在去离子水中的 SAs 进行了分析。以往的研究表明，MoS_2 在负离子模式下检测氨基酸、肽、脂肪酸和药物等物质时，是非常有效的基质[19]。负离子谱图由于只有[M-H]⁻离子信号存在，更易于解释。MoS_2 纳米片的边缘和缺陷可以作为去质子化位点，用于样品离子化和质子的捕获，从而促进负离子模式的电荷转移过程。在之前工作的基础上，我们在这项工作中选择了负离子模式。图 4-2（a）展示了以下 12 种 SAs 的质谱图：SA（m/z 214.24）、SPY（m/z 249.29）、SDZ（m/z 250.28）、SMZ（m/z 253.28）、STZ（m/z 255.32）、SIX（m/z 量 267.30）、SM2（m/z 278.33）、SMM（m/z 280.33）、SCP（m/z 284.72）、SQX（m/z 300.37）、SDM（m/z 310.33）和 SDM-d6（m/z 316.37）［图 4-2（a）中展示了它们相应的结构］。12 个 SAs 都被成功地检测到，且具有高强度的特征[M-H]⁻离子峰和低背景干扰信号。值得注意的是，SDM-d6 和 SDM 也在 m/z 297.9 和 294.9 处被检测到峰，这是由于 CD_3 和 CH_3 的裂解。然后在相同的条件下使用 MoS_2 排列的 ITO 芯片对上述 SAs 的混合物进行测定。同样地，12 种 SAs 都被检测到，并且无信号重叠［图 4-2（b）］。结果证实了 MoS_2 基质排列的 ITO 芯片可以同时和有效地检测多种小分子量的 SAs。

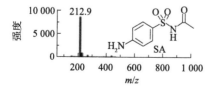
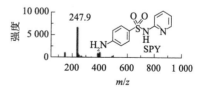

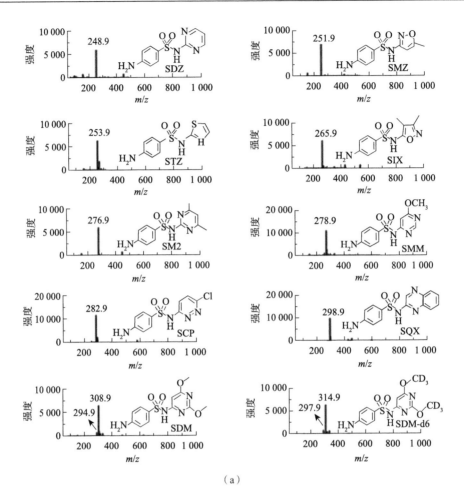

（a）

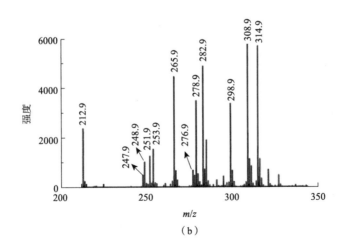

（b）

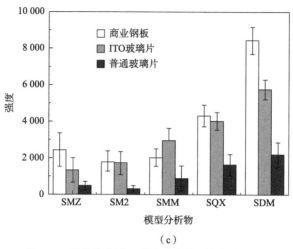

（c）

图 4-2　质谱芯片用于磺胺药物检测的性能评价

在进一步的研究中，我们将 MoS$_2$ 基质点样到不同的衬底上——商业化不锈钢板、ITO 玻璃片和普通玻璃片，以得到三种不同的基质阵列样品板。然后在相同的仪器条件下使用三种样品板对 SAs 进行质谱实验［图 4-2（c）］。使用SMZ、SM2、SMM、SQX 和 SDM 作为模型分析物。从三个样品板上获得的质量峰的强度以棒图进行比较。结果表明，从 ITO 玻璃片上获得的五种 SAs 的离子强度与商业化不锈钢板的结果相当，表明 MoS$_2$ 修饰的 ITO 玻璃片是适合于MALDI 质谱分析的。ITO 涂覆的玻璃片由于其导电性和光学透明度特性，已被广泛用作 MALDI 质谱成像的标准样品板[20]。相比于市售的可重复使用的 384孔位标准靶版，ITO 玻璃片成本低廉并且避免了样品板的清洗步骤。另外，相比于 ITO 玻璃片，从普通玻璃片得到的 SAs 的离子强度要低得多。它们之间唯一的区别在于一种是不含 ITO 薄膜的玻璃，一种是沉积有 ITO 薄膜的玻璃，这证明 ITO 层因其导电性在提高解吸电离效率上的重要性。此外，我们发现裸的ITO 玻璃片对于 MALDI-TOF-MS 未表现出信号响应。这些结果表明 MoS$_2$ 基质层对于解吸电离过程是必不可少的，并且所制备的 MoS$_2$ 阵列 ITO 玻璃片可以成为 MALDI-TOF-MS 的很好的一次性替代衬底。

为了证明实验的可行性，我们进行了原理的验证实验。以 SDM 为模型分析物，将 SA-mAb/MB 用于免疫亲和捕获加标样品中的目标分析物 SDM。我们首先分析了一系列不同浓度的 SDM 水溶液，来评估 MoS$_2$ 阵列的 MALDI 质谱芯片的检测灵敏度。浓度为 5 μg/mL、1 μg/mL、500 ng/mL、400 ng/mL、300 ng/mL 和 200 ng/mL 的SDM 的质谱图如图 4-3（a）所示。浓度为 5 ng/mL、1 ng/mL、500 pg/mL、400 pg/mL、300 pg/mL 和 200 pg/mL 的 SDM 的质谱图如图 4-3（b）所示。当 SDM 的浓度降低时，质谱的信号强度随之降低。并且，当浓度低至 200 ng/mL 时，由于灵敏度不足而未得到相应的质谱信号。然后我们使用SA-mAb/MB进行样品富集，将溶解在1×PBS中的 SDM 与 SA-mAb/MB 孵育进行免疫亲和捕获和富集过程。捕获 SDM 的SA-mAb/MB 通过磁分离收集，用甲醇洗脱，吹干后复溶于水，并且对点样的 MoS_2阵列的 MALDI 质谱芯片进行分析。经过 SA-mAb/MB 富集后，浓度为 400 pg/mL 的SDM 可以被检测到（信噪比为 11.33）［图 4-3（b）］。富集后比富集前的 SDM 的检测限降低了近 3 个数量级，充分展示了免疫富集策略的可行性。

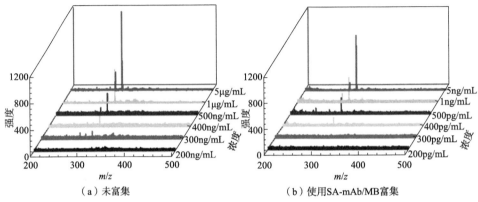

（a）未富集　　　　　　　　（b）使用SA-mAb/MB富集

图 4-3　MALDI-MS 灵敏度测定：不同浓度的 SDM 的 MALDI-TOF-MS 图

3. 内标法定量的可行性验证

纳米材料作为 MALDI 基质在靶板上的均匀分布有利于 MALDI 质谱的定量分析应用。然而，使用强度作为定量标准对实际样品的分析精度可能会有影响[11, 14]。加入同位素标记的分子作为 IS 可以降低复杂体系产生的误差[21]。同时，采用内标定量法能够有效地提高 MALDI 质谱分析的精度，使 RSD 小于 10%[22, 23]。因此，在实验中，我们使用 SDM-d6 作为 IS 对实际样品中 SAs 进行定量分析。在常规实验中，通常先制备包含 IS 的混合样品液，再将混合物加样至基质上进行 MALDI质谱分析。当制备样品溶液时，每个样品至少需要 5 μL。然而，当需要处理多个样品时，该样品混合方法变得尤为烦琐，同时会消耗掉大量的IS。因此，探索低成本、简单的制备办法仍然是必要的。

在这项研究中，我们提出了新的样品制备方法，即 IS 预先沉积在 MoS_2 基质阵列上，再将分析物上样进行定量分析的方法（"IS 优先"方法）。图 4-4（a）和图 4-4（b）分别显示了 SDM（5 ng）和 SDM-d6（5 ng）使用两种不同的样品制备方法（"混合"方法和"IS 优先"方法）的质谱对比图。这两种方法获得的 SDM和 SDM-d6 的去质子化离子信号强度相当。这可能受益于每个斑点上的 MoS_2 基质的均匀分布以及基质上 IS 的均匀分布。考虑到样品制备的方便性和节约成本，"IS 优先"方法是更有利的。

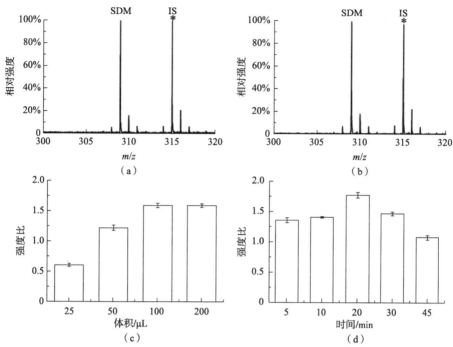

图 4-4　采用不同的样品制备方法的 SDM 和 IS SDM-d6 的质谱图[（a）、（b）]以及使用 10 ng/mL SDM 的样品优化富集程序 [（c）、（d）]

（a）将 5 μL 的 5 μg/mL SDM 与 5 μL 的 5 μg/mL SDM-d6 混合，然后将 2 μL 的混合物加载到 MoS₂ 阵列的 MALDI MS 芯片上。（b）1 μL 的 5 μg/mL SDM 直接加载到之前覆盖有 5 ng SDM-d6 的 MoS₂ 阵列的 MALDI MS 芯片上。（c）具有不同量 SA-mAb/MB 的 SDM 的富集效率。（d）吸收时间对 SA-mAb/MB 捕获 SDM 的影响

　　为了最大限度地提高 SAs 的富集效率，通过比较富集后的 SDM 与 IS 的相对强度来优化实验条件。1 mL 浓度为 10 ng/mL 的 SDM 样品被选作实验样品。在开始时，SA-mAb/MB 需要的量通过理论估计。假定抗体与 SDM 反应的摩尔比为 1∶1，那么 10 ng 的 SDM 需要约 12 μL 的 SA-mAb/MB。考虑到偶联到羧基化磁珠后的抗体的活性可能会损失，我们优化了 SA-mAb/MB 的用量，体积范围为 25～200 μL。如图 4-4（c）所示，捕获时间为 30 min，当 SA-mAb/MB 的量从 25 μL 增加至 100 μL 时，富集效率逐渐增加。然后当 SA-mAb/MB >100 μL 后，富集效率几乎保持不变。因此，100 μL 被选为最佳的 SA-mAb/MB 用量。然后我们研究了不同的吸附时间的影响（5 min、10 min、20 min、30 min 和 45 min）。如图 4-4（d）所示，在 20 min 时可以得到最好的捕获效率。显然，一个较长的温育时间反而降低了目标分析物的提取效率。出现这种现象的原因可能是长时间在室温和盐离子环境下会影响抗体与抗原的结合。因此，我们选择 20 min 为吸附时间。使用免疫亲和柱时，通常用甲醇将捕获分析物从抗体上洗脱。甲醇可以有效地打破抗原-

抗体之间的相互作用。据文献报道,使用甲醇进行解吸的时长不会影响实验结果[24],因此接下来的实验中选用两个 10 s 作为洗脱时间。

4. SAs 的定量分析

MALDI 质谱的一个重要优点是它可以一次同时鉴定多个种类的 SAs。我们使用的 SAs 的抗体可以识别并结合一类 SAs,从而免去对单独的化合物进行富集的条件优化。此外,多个药物的同时分析具有分析时间更短、成本更低和样品使用量更少等优点。利用 MALDI 质谱与生俱来的能力优势和抗体的特性,我们对五种最常用的 SAs 进行了多重定量检测。一系列不同量、不同组成的 SMZ、SM2、SMM、SQX 和 SDM 的标准 SAs 溶液用纯溶剂 1×PBS 缓冲液配制,并通过免疫亲和分离富集以建立标准校准曲线。图 4-5(a)显示了浓度为 0.5～10 ng/mL 的标准 SAs 混合溶液与 SA-mAb/MB 孵育后获得的代表性 MALDI-TOF-MS 图。正如预期的那样,五个 SAs 的质谱峰均显现在质谱图中。图 4-5(b)～(f)为纯溶剂标准工作曲线,它们显示了相对峰强度与浓度的线性关系(对 SMZ、SM2、SMM、SQX 和 SDM,R^2 分别为 0.9917、0.9937、0.9962、0.9903 和 0.9979),这表明该免疫亲和 MALDI-TOF-MS 方法具有优异的定量能力。基于 3 倍信噪比的原理,检测限在 0.043～0.236 ng/mL 范围(相当于 0.86～4.73 μg/kg)。根据欧盟理事会条例 EEC 2377/90 规定的最大残留限量(maximum residue limit,MRL),食品中总的 SAs 不应超过 100 μg/kg[25]。本方法可满足对于 SAs 残留的常规分析的灵敏度需求,与其他先前报道的基于质谱的检测方法相比,本方法显示出有竞争力的灵敏度[26-29]。浓度在检测限以下,可以认为实验样品是阴性,并且符合安全要求。这里开发的 MALDI 质谱分析方法,分析每个样品需要 5 s,然而使用传统的液相色谱–串联谱测试一个样品需要 5 min 以上。此外,MALDI 质谱分析可以由相对不熟练的人员进行操作。

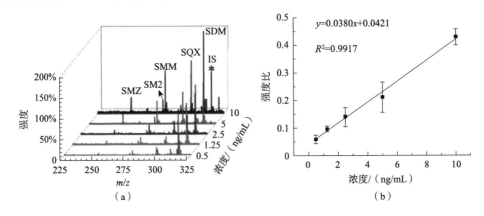

(a)　　　　　　　　　　　　(b)

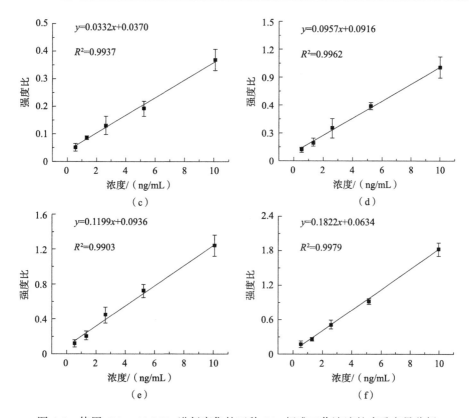

图 4-5　使用 SA-mAb/MB 进行富集的五种 SAs 标准工作溶液的多重定量分析

（a）SAs 连续稀释的代表性 MALDI-TOF-MS 图。SMZ（b）、SM2（c）、SMM（d）、SQX（e）和 SDM（f）的标准校准曲线。在整个实验过程中，MoS₂ 阵列 MALDI MS 芯片之前覆盖有 5 ng SDM-d6 作为 IS。误差棒代表三个独立测量的标准偏差

基于液相色谱–串联质谱的分析方法在食品分析中通常会遭受基质效应（matrix effect，ME），从而影响分析物的信号和定量分析的准确度。因此，ESI 源中的基质效应通常通过基质工作曲线和纯溶剂标准曲线的斜率比（R_{slope}）来进行估计[30]。然而，据我们所知，使用纳米材料作为基质的 MALDI 离子源的 ME 从未被报道过。为了评估用于定量分析的纯溶剂标准工作曲线的准确性，我们还使用三种代表性基质校准标准工作溶液来评价基质效应。在分析 SAs 加标阴性样品提取液之前，将不含 SAs 的 1×PBS 溶液、空白猪肉提取液、空白鸡蛋提取液和空白牛奶提取液作为阴性对照先进行了分析。在低质量范围内观察到除了 IS 的峰没有其他物质的峰，这表明免疫亲和磁分离方法在复杂基质中具有良好的特异性和高选择性。接下来，使用我们提出的方法对一系列浓度的 SDM 加标猪肉提取液、SM2 加标鸡蛋提取液和 SMM 加标牛奶提取液进行分析，并获得三个基质校准曲线。结果可观察到三个 SAs 的 R_{slope} 在 0.935～1.120 范围［图 4-6（a）～（c）］，表明本实验中的基质效应

可忽略，纯溶剂标准工作曲线适用于定量分析[31, 32]。这种现象可能是基于以下三个原因。首先，免疫亲和纯化具有特异性，抗体的选择性萃取能力可以大大消除复杂样品中的基质干扰[24]。其次，许多纳米材料基质用于 MALDI 质谱分析时表现出极好的耐盐性，复杂样品中少量盐的存在不会影响目标物的信号强度[33, 34]。最后，在当前的方法中，我们使用相对定量方法，而不是基于峰强度的绝对定量方法，即使少量的杂质可能会抑制分析物的信号，这种影响仍然可以通过引入 IS 来消除。

我们进一步评估了猪肉、鸡蛋和牛奶样品中的五种 SAs 的回收率。如表 4-1 中所示，在加标浓度为 20 μg/kg、50 μg/kg 和 100 μg/kg 时，五种分析物的平均回收率为 74.6% 至 109.5%，相对标准偏差（relative standard deviation，RSD）的值小于 14.7%（$n = 3$）。我们在不使用 SA-mAb/MB 纯化的条件下，对比分析了五种 SAs 加标的猪肉样品（50 μg/kg）的结果。SAs 加标的猪肉样品用 80% 的乙醇提取，取出 200 μL 的提取液在 N_2 流下蒸发至接近干燥。然后将残余物用 5 μL 的去离子水复溶，并加样至 MALDI 质谱芯片上进行分析。有趣的是，复杂的样品成分使得在图谱中观察不到任何信号峰 [图 4-6（d）]。含有大量脂质的杂质覆盖在 MoS_2 基质上，大大抑制了 SAs 和 IS 的信号。实验中我们使用的是一步法溶剂提取方法，该方法具有快速和容易操作等优点。然而，这种方法也会引入一些不期望

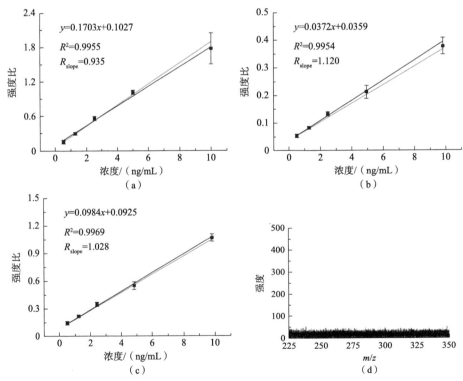

（a）

（b）

（c）

（d）

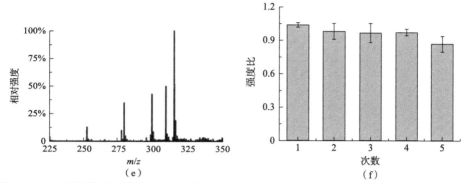

图 4-6 （a）纯溶剂标准工作溶液和猪肉提取物标准工作溶液得到的 SDM 校准曲线；（b）纯溶剂
标准工作溶液和鸡蛋提取物标准工作溶液得到的 SM2 校准曲线；（c）纯溶剂标准工作溶液和牛
奶提取物标准工作溶液得到的 SMM 校准曲线；五种添加 SAs 的猪肉样品（50 µg/kg）在（d）没
有 SA-mAb/MB 富集，以及（e）有 SA-mAb/MB 富集的代表性 MALDI-TOF-MS 图；（f）在再生
的 SA-mAb/MB 上重复 SDM 捕获和重新捕获：在 5 次捕获和再生循环后富集的 SDM 与 SDM-d6
的强度比。在整个实验过程中，MoS$_2$ 阵列 MALDI MS 芯片之前覆盖有 5 ng SDM-d6 作为 IS

的杂质，因此往往需要进一步的纯化过程。经过 SA-mAb/MB 纯化和富集后，所
有五种 SAs 都可被检测到［图 4-6（e）］。此免疫亲和富集方法不仅可以预浓缩
目标化合物，还可依赖 SA-mAb 的特异性亲和能力从样品中排除基质杂质干扰。
为了验证 SA-mAb/MB 的可重复使用能力，使用相同的 SA-mAb/MB 进行了五次
重复测量。用甲醇洗脱后，立即用 1×PBS 洗涤来实现再生，结果如图 4-6（f）
所示。SA-mAb/MB 经过四个连续的吸附再生循环过程，SDM 的回收率是令人
满意的。在第五次分析时，SDM 回收率略有下降，这意味着 SA-mAb/MB 测定
法可至少循环四次。此优良的可重用性意味着该免疫亲和磁分离方法应用于 SAs
的富集具有很大的潜力，可大大降低抗体的平均使用成本。

表4-1　加标样品（n=3）中五种SAs的回收率和RSD

分析物	添加量 /（µg/kg）	猪肉		鸡蛋		牛奶	
		回收率	RSD	回收率	RSD	回收率	RSD
SMZ	20	74.6%	5.8%	100.4%	4.4%	95.9%	9.8%
	50	88.7%	8.0%	78.5%	11.9%	81.1%	8.4%
	100	85.6%	10.5%	85.8%	10.3%	96.2%	7.4%
SM2	20	99.3%	11.0%	95.9%	13.9%	102.5%	2.7%
	50	85.3%	8.4%	91.1%	4.0%	93.0%	9.1%
	100	107.7%	7.9%	93.9%	5.6%	88.6%	12.9%
SMM	20	87.1%	4.5%	100.7%	4.7%	86.6%	5.8%
	50	105.7%	2.6%	102.4%	8.0%	97.2%	4.1%
	100	102.7%	8.4%	102.1%	3.0%	96.7%	4.2%

续表

分析物	添加量 / (μg/kg)	猪肉		鸡蛋		牛奶	
		回收率	RSD	回收率	RSD	回收率	RSD
SQX	20	93.0%	14.7%	90.0%	8.5%	96.8%	12.7%
	50	108.8%	5.3%	99.7%	7.8%	94.7%	4.4%
	100	88.6%	6.2%	109.5%	6.5%	88.2%	9.2%
SDM	20	98.7%	3.9%	88.5%	5.9%	94.8%	9.0%
	50	93.6%	8.6%	94.6%	4.7%	95.5%	8.1%
	100	88.3%	7.7%	92.5%	3.4%	90.5%	4.8%

本节提出了一种一次性的 MoS_2 排列的 MALDI 质谱芯片，并结合免疫亲和富集方法应用于高通量、快速和同时定量多个 SAs。开发的廉价的一次性 MALDI 质谱芯片被证明是商业化不锈钢板的一个很好的替代品，可以实现多种 SAs 的有效检测。通过使用抗体偶联的磁珠，可以有针对性地提取和富集目标物，从而获得更高的灵敏度。通过预先加 IS 到 MoS_2 基质上，可以方便地实现五种 SAs 的定量检测。校准曲线显示出良好的线性关系，线性相关系数大于 0.990。之后该方法被成功地应用于鉴别和定量不同类型食品样本中的 SAs，包括猪肉、鸡蛋、牛奶等样品。这种方法显示了优异的分析性能，包括便利性、低成本、高通量、高灵敏度以及可接受的精确度。在未来，这种新颖的 MALDI 质谱芯片可以与小型化的 MALDI-TOF 质谱仪联用，有望成为食品兽药残留的快速和高通量分析领域的生物传感仪器。

4.3　基于微流控芯片–质谱的牛奶中药物残留检测技术

喹诺酮类药物（quinolones，QNs）是一种常用的合成抗菌药物，用于预防和治疗全世界的动物感染[35]。由于使用不当，如不遵守停药时间，QNs 的残留物可能会进入食物链从而导致公共健康问题[36]。例如，牛奶中抗菌药的存在会引发某些过敏个体的过敏反应，或者增加病原体对人类临床药物的抵抗力，因此对人类健康构成潜在危害[37]。为了使消费者免受 QNs 残留的影响，许多国家已经为牛奶和奶制品中的几种 QNs 设定了最大残留限量。这些 QNs 建立的最大残留限量范围在 100～300 μg/kg（恩诺沙星）和 300～1900 μg/kg（二氟沙星）之间[38]。为了检测牛奶中的 QNs 浓度水平，开发灵敏、准确、有效的 QNs 定量方法是十分有必要的。

　　多年来业界已经报道了多种检测牛奶中 QNs 的残留的分析方法[39, 40]，其中液相色谱-质谱联用是广泛接受的 QNs 残留定量技术[41, 42]。这种基于质谱检测的方法虽然是有效且准确的，但它们操作烦琐，需消耗大量的样品和试剂，并且需要有经验的人员进行操作。因此，迫切需要一种高通量、快速的检测方法。另外，免疫学分析方法是目前广泛使用的 QNs 残留的快速检测方法[39]。免疫测定，包括 ELISA[43] 和侧流免疫测定（lateral-flow immunoassays，LFIA）[44]，凭借其高样品通量、简单性、高选择性和成本效益已被逐步用于评估牛奶的质量和安全性。然而，由于需要离线提取净化，这些方法不是高度自动化的，并且缺乏目标物的分子量和结构信息会导致高比例的假阳性结果。因此，需要一种能够充分结合质谱检测和免疫分析这两种分析方法优点的新型抗菌药筛选方法。

　　微流控分析因其低样品/试剂消耗、快速分析速度、自动化和多项功能整合等优点而受到广泛关注[45-47]。微流控芯片-质谱联用方法是传统液相色谱-质谱联用的替代方案，通常具有更好的性能，因为多个功能元件可以集成在芯片中，可以同时执行样品处理、目标物分离和直接质谱分析[48, 49]。Chen 等建立了微流控芯片-ESI 质谱平台并将其用于细胞代谢物的定性和定量分析[50]。微流控芯片实现了自动化的样品处理，包括细胞培养、药物诱导的细胞凋亡和细胞代谢测定。芯片上的固相微萃取柱作为脱盐技术，在质谱分析之前将其与质谱仪连接，解决了复杂基质的干扰问题。虽然学术界已经报道了多种集成微流体装置，广泛应用于细胞代谢分析[50-52]、蛋白质和多肽分析[53, 54]、化学合成监测[55] 和结合动力学监测[56] 等，但是通过微流控芯片-质谱联用检测食品中 QNs 残留的研究却少有报道。

　　最近，我们报道了一种使用免疫亲和富集结合基质辅助激光解吸电离质谱用于快速定量多种食品中 SAs 的方法[57]。通过抗体偶联的磁珠的靶向富集，使用 IS 方法对特异性提取的 SAs 进行了定量测定。然而，由于离线质谱检测的不便，它仍然不是理想的方法。在此，我们进一步开发了一种免疫亲和微流控芯片-ESI 质谱平台，用于在线自动化富集和定量牛奶样品中七种不同的 QNs。该集成微流控芯片装置由具有八个平行通道的三个功能单元组成：用于样品提取的微流体反应区域及微柱阵列微滤区域，用于目标物富集的微流体反应区域，用于样品分离和洗脱的磁分离室。该系统允许芯片内的免疫亲和富集，无需额外的离线净化程序。微流控通道和磁分离室的设计具有几个优点：样品用量少、样品消耗量小和微流控芯片可重复使用。基于抗体的特异性，全扫描模式下的直接 ESI 质谱和进一步的串联质谱分析被开发用于鉴定靶 QNs。此外，采用无需液相色谱分离的 IS 方法对多种 QNs 进行定量分析。作为一种高通量、低成本和自动化的在线分析平台，该系统在食品基质中兽药残留的筛选方面具有可行性和潜在的应用价值。

4.3.1　实验部分

1. 实验准备

1）材料和试剂

诺氟沙星（norfloxacin，NOR）、氧氟沙星（ofloxacin，OFL）、培氟沙星（pefloxacin，PEF）、洛美沙星（lomefloxacin，LOM）、恩诺沙星（enrofloxacin，ENR）、环丙沙星（ciprofloxacin，CIP）、依诺沙星（enoxacin，ENO）、恩诺沙星-d5（enrofloxacin-d5，ENR-d5）和高效液相色谱级的甲醇。针对 QNs 的单克隆抗体（QN-mAb）和相应的抗体储存液由南京祥中生物科技有限公司提供。SG-2506 硼硅酸盐玻璃购自长沙韶光铬版有限公司。聚二甲基硅氧烷（polydimethylsiloxane，PDMS）的前聚体和固化剂（Sylgard 184）购自 Dow Corning。去铬液的组成是：200 g/L 硝酸铈铵和 3.5%（v/v）冰醋酸。刻蚀液的组成是：18.6 g/L NH_4F、4.64%（v/v）HNO_3 和 5%（v/v）HF。羧基化磁珠（$d=1$ μm）购自南京东纳生物科技有限公司。实验中所用的水均为超纯水（电阻率≥18 MΩ·cm），由 Millipore 超纯水系统制备。所有的化学试剂均为分析纯，无须进一步纯化即可使用。

2）仪器设备

使用 LSP04-1A 型精密注射泵（保定兰格恒流泵有限公司）进行液体操作。曝光机用于微流控芯片的模板制作。PDC-M 型等离子清洗器（成都铭恒科技发展有限公司）用于预清洁后的载玻片与 PDMS 的亲水化处理。

2. 实验前处理

1）分析物溶液的配制

单个 QNs 的标准储备溶液（1 mg/mL）用甲醇制备。对于芯片外的富集，通过 1×PBS 稀释每种标准储备溶液并且混合来制备 10 ng/mL 的 7 种 QNs 的混合标准溶液。对于芯片外的定量，通过甲醇稀释和混合每种储备溶液来制备 7 种 QNs 的混合标准溶液。将内标物 ENR-d5 添加到标准溶液中，使其在每种样品中的最终浓度为 50 ng/mL。对于芯片内的定量，将 ENR-d5 溶液添加到基质匹配的标准溶液中，使最终浓度为 2.5 ng/mL。将所有标准溶液于 4℃保存备用。

2）质谱分析的样品制备

牛奶样品购自南京当地的超市。取 1 g 牛奶置于离心管内，加入 1 mL 三氯乙酸（体积浓度为 3%），涡旋 1 min，通过滤膜过滤来除去聚集的蛋白质。滤液经 NaOH 溶液中和后用 PBS 稀释至 10 mL，得到牛奶的提取液样本，用于后续分析。将浓度为 1 μg/mL 的 7 种 QNs 的混合标准溶液加入空白牛奶的提取液中制备基质匹配的标准样品溶液。加标样品用于回收率测定实验。将 7 种 QNs 的混合标准溶液加入牛奶样品中以产生浓度为 5 μg/kg、10 μg/kg 和 25 μg/kg 的加标样品溶液。在进行芯片定量之前，预先将 ENR-d5 溶液加入加标样品溶液中，使其最终浓度为 25 μg/kg。

3）喹诺酮单抗偶联的磁性微球的制备

如前所述进行 QN-mAb 偶联磁珠（记为 QN-mAb/MB）的制备[57]。简言之，用 1 mL MES 缓冲液洗涤 10 mg 羧基化磁珠，随后将磁珠重悬于 900 μL 含有 500 μg 的 QN-mAb 的 MES 缓冲液中，并在室温下孵育 30 min。然后将 100 μL 新鲜制备的 EDC 溶液加入反应混合物中并在室温下反应 3 h。之后用 1 mL 洗涤溶液（含 0.1%Tween-20 和 15 mmol/L PBS）彻底洗涤磁珠以除去未偶联上的 QN-mAb，然后将偶联后的磁珠重悬于 1 mL 抗体储存液中。制备得到的 QN-mAb/MB 在 4 ℃ 保存备用。为了计算偶联在磁珠上的 QN-mAb 的量，收集每次清洗和磁分离后的上清液，使用 BCA 蛋白质试剂盒来定量未反应的 QN-mAb。

4）微流控芯片-质谱联用平台的构建

设计微流控芯片，并使用先前报道的光刻和湿化学蚀刻技术制备微流控芯片[57]。简言之，首先用计算机软件 Adobe Illustrator 绘制芯片的微通道图案，通过高分辨激光打印机将设计的图案转移至激光印刷膜。将具有设计图案的激光印刷膜置于 SG-2506 硼硅酸盐玻璃片正上方，在紫外线下曝光 5 min。曝光后的玻璃基板放入 NaOH 溶液［0.5%（w/v）］中浸泡 1 min，以除去被曝光的光胶，即基片的非图案部分。然后加入去铬液浸泡 2 min 除去铬层，使模板纹路更清晰。用超纯水洗涤后，将基片置于刻蚀液中在 37℃摇床中反应 1 h，得到具有一定高度的微图案的透明载玻片，此为玻璃模具。然后用超纯水冲洗所得的玻璃模具并在 80℃下干燥。

将 PDMS 前聚体和固化剂（质量比为 10∶1）预混合，在真空腔室中脱气 30 min。然后倒在玻璃模具上，在 80℃的烘箱中固化 1.5 h，得到固化后的 PDMS 膜。小心地将 PDMS 膜从模具上剥离，并使用打孔器打孔，得到的 PDMS 膜带有设计的微流控流路和功能单元。将清洗干净的 PDMS 膜和全新的玻璃载玻片进行氧等离子体处理 60 s 后，迅速将两者黏合，形成微流控芯片。

在微流控芯片两端插入聚四氟乙烯（polytetrafluoroethylene，PTFE）管（内径 0.6 mm，外径 1.4 mm）。通过精密注射泵和高鸽注射器将溶液输送到芯片内。使用连接着聚四氟乙烯套管的熔融石英毛细管将微流控芯片与质谱的 ESI 源组合，得到芯片-质谱联用平台。

3. 样品分析

1）离线免疫亲和提取与富集目标 QNs

离线免疫亲和提取与富集反应根据我们之前的方案进行，并作微调[58]。简言之，将 1mL QN-mAb/MB 与 1mL 样品溶液在室温下反应 20 min。然后，将捕获了目标物的磁珠进行磁分离，并用超纯水洗涤两次。最后加入 200 μL 甲醇，涡旋 10 s 以洗脱捕获的 QNs。收集样品洗脱液，浓缩至 50 μL 后引入微流控芯片中进行 ESI 质谱检测。

　　2）微流控芯片-质谱在线定量喹诺酮

在与微流控芯片串联的电喷雾电离线性离子阱质谱仪（electrospray ionization linear ion trap quadrupole mass spectrometry，ESI-LTQ-MS）上进行在线定量分析。微流控芯片-质谱系统的操作包括样品上样，在线样品提取，免疫亲和富集反应，磁分离，在线洗脱和 ESI 质谱检测。为了建立标准校准曲线，等量的 QN-mAb/MB（1 mg/mL，配制于 1×PBS 溶液）和含有内标 ENR-d5 的标准样品溶液同时通入微流控芯片的入口中，流速为 15 μL/min，持续 20 min。为了进行回收率分析，将牛奶样品溶液（0.48 倍）、三氯乙酸（1.45%）、NaOH 溶液、PBS（2.4 倍）和 QN-mAb/MB 同时通入微流控芯片中，流速分别为 3.1 μL/min、3.1 μL/min、5 μL/min、5 μL/min 和 15 μL/min。实验设计有混合区域以促进通道中的相互作用[59, 60]。设计有微阵列柱区域，以去除牛奶中聚集的蛋白质。然后通过放置在磁分离室下方的磁铁（Nd-Fe-B，3 mm × 3 mm × 13 mm，N45）将捕获了目标物的磁珠固定在磁分离室中。然后通入 15 μL 超纯水进行洗涤。

对于质谱检测，将芯片直接与 ESI 源组合，将甲醇通入磁分离室中洗脱富集的 QNs，并进行在线质谱检测。洗脱液流速为 3 μL/min。质谱分析在正离子模式下进行。离子源的参数如下：毛细管电压 33 V，离子喷射电压 3.5 kV，管透镜电压 105 V，毛细管温度 300 ℃，鞘气流 8（任意单位），辅助气流 5（任意单位）和吹扫气体 0（任意单位）。在质量分析之前通过碰撞诱导解离，使用氩气作为碰撞气体分离前体离子来进行串联质谱（tandem mass spectrometry，MS/MS）分析。

4.3.2　结果与讨论

1. 微流控芯片-质谱联用平台的设计和构建

微流控芯片-质谱联用平台由三个组件构成：用于样品进样的注射泵，用于样品提取及免疫亲和富集的微流控芯片以及进行定量定性分析的 ESI 质谱仪。微流控芯片的设计装置如图 4-7（a）所示，在该芯片上进行样品的提取、富集、磁分离以及甲醇在线洗脱。该芯片由三个具有八个平行通道的功能单元组成：用于芯片上样品提取的微流控流路及微柱阵列微滤区域，用于芯片上免疫亲和富集反应的微流控流路和用于样品分离与洗脱的磁分离室。最左侧的两个入口分别用于引入牛奶样品溶液和三氯乙酸溶液。微流控芯片的网络通道设计为 700 μm 宽，100 μm 高。网络通道中设计有混合器以增加牛奶和三氯乙酸之间的相互作用。微柱阵列的设计灵感来自微纳米多孔膜，其中大分子分析物被纯化和浓缩。如图 4-7（b）所示，所设计的微柱的直径为 100 μm，每两排柱之间的距离为 150 μm。当牛奶和三氯乙酸溶液混合后，牛奶中的蛋白质在微通道中聚集，并被微阵列柱微滤器截获，提取液继续流入下一个区域，与 NaOH 和 PBS 混合（通过中间的两个入口引入）。右侧入口通入 QN-mAb/MB，在芯片的混合区域，样品溶液中的目标物 QNs 与内标 ENR-d5 都和 QN-mAb/MB 上的 QN-mAb 发生免疫亲和反应，混合器的设计可以增加它们之间的相互作用[59, 60]。为了固定反应后的 QN-mAb/MB，将永磁体置于磁分离室下方。磁分离室的长度和宽度分别为 15 mm 和 2.5 mm。磁分离室具有两个对称的弧形端部，旨在减少磁分离室角落中的死体积或液体滞留。

图 4-7　（a）具有八个平行通道的微流控芯片的照片（芯片尺寸为 150mm×50mm）、（b）通道中部分微柱微滤阵列的光学显微照片和（c）依次进行质谱检测照片

ESI 离子源通过熔融石英毛细管和聚四氟乙烯套管与微流控芯片连接，其中聚四氟乙烯套管的内径为 0.6 mm，外径为 1.4 mm。将反应流速设定为 15 μL/min，以确保有效的分析物捕获。进样/反应时间为 20 min，即最终通入微流控芯片的样品溶液和 QN-mAb/MB 的量均为 300 μL。为了从免疫磁性吸附剂 QN-mAb/MB 中释放捕获的分析物，将甲醇通入磁分离室中进行芯片内洗脱，并进行在线质谱分析[57, 61]。选择 3 μL/min 的洗脱速率以确保稳定的喷雾和有效的解吸。在线洗脱和质谱分析的总持续时间保持在 5 min 内。在前半段时间用于采集离子色谱图和一级质谱图，之后立即对一级质谱图中检测到的目标分子进行 MS/MS 分析，每个分子 MS/MS 采集时间为 0.1 min。在实验中，通道之间的切换通过一个接一个地移动出口聚四氟乙烯套管来实现［图 4-7（c）］。因此，整块微流控芯片可用于分析 8 个牛奶样品。

2. 免疫亲和富集法鉴定 QNs

食品样品中兽药残留的检测和定性分析通常采用液相色谱–质谱联用方法[62, 63]。由于基质的复杂性，抗菌药分子的分析经常受到可变基质效应的影响[64]。为了消除信号抑制或增强，业界已经开发了几种典型的纯化技术来补偿基质效应，如固相萃取方法[65]和免疫亲和层析法[64]。然而，固相萃取技术通常带来非特异性保留。虽然层析法通常可以得到干净的提取物，且样品之间的差异很小，色谱图没有基质干扰，但有限的流速和较大的样本颗粒可能造成拥堵，通常会导致样本分析的等待时间非常长。Xie 等开发了一种基于功能性纳米粒子的免疫磁性技术，成功用于快速提取和纯化样品[24]。免疫磁纳米粒子分离方法极大地改善了相分离，同时避免了传统方法如免疫亲和色谱法或固相萃取柱耗时长的缺点。然而，通过离线的样品预处理，并且基于 LC 分离实现定量和定性分析，操作仍然较为麻烦并且需要有经验的技术人员操作[61]。

同时检测到 7 种 QNs 的峰，NOR、ENO、CIP、PEF、LOM、ENR 和 OFL 的结构分别用相应的 MS/MS 进一步鉴定。在这里，我们提出了一种无需液相色谱分离的全扫描模式直接进行 ESI 质谱检测策略，用于识别七种最常测试的 QNs。在执行微流控芯片操作之前，标准样品在芯片外与 QN-mAb/MB 反应，然后通过 ESI 质谱分析。用纯溶剂 1×PBS 缓冲液制备由相同量的 NOR、ENO、CIP、PEF、LOM、ENR、OFL 组成的一系列标准 QNs 溶液，并通过免疫亲和富集法进行富集和检测。样品与 QN-mAb/MB 之间的反应根据之前报道的实验方案进行[57]。图 4-8（a）显示了标准 QNs 混合物（浓度为 10 ng/mL）经过免疫亲和富集后获得的代表性质谱图。正如所预期的，7 种 QNs 的质谱峰都出现在质谱图中［图 4-8（a）］，充分证明了免疫亲和富集的有效性。特别地，通过 MS/MS 分析进一步鉴定这些质谱峰。如图 4-8（b）～（h）所示，所有片段都证实了可识别的 QNs 的结构(NOR 的片段的 *m/z* 为 276 和 302,ENO 的片段的 *m/z* 为 257、277 和 303，CIP 的片段的 *m/z* 为 288 和 314，PEF 的片段的 *m/z* 为 290 和 316，LOM 的片段的 *m/z* 为 265、288 和 308，ENR 的片段的 *m/z* 为 316 和 342，OFL 的片段的 *m/z* 为 318 和 344)。这 7 种 QNs 和 1 种内标物的监测离子和结构如表 4-2 所示。由于 mAb 的特异性，可以通过全扫描模式质谱分析和 MS/MS 分析轻松识别与鉴定分析物。

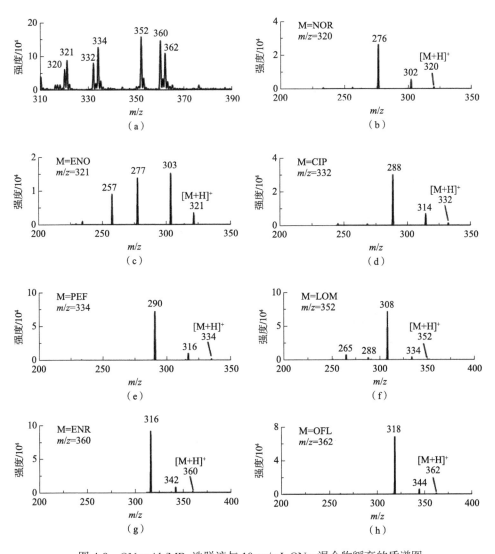

图 4-8　QN-mAb/MB 洗脱液与 10 ng/mL QNs 混合物孵育的质谱图

表4-2　QNs的结构和监测离子

分析物	结构	分子式	分子量	[M+H]⁺	目标离子峰分子量
NOR	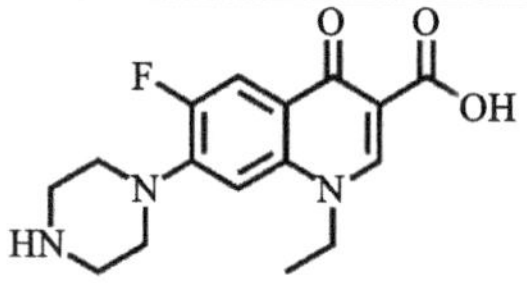	$C_{16}H_{18}FN_3O_3$	319.331	320	302/276
ENO	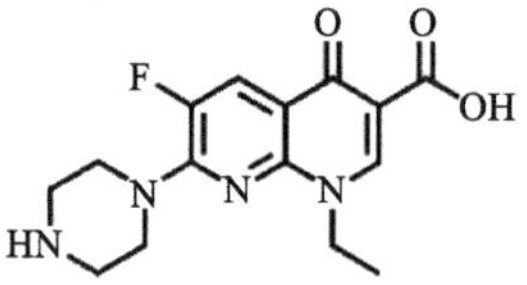	$C_{15}H_{17}FN_4O_3$	320.319	321	257/277/303
CIP	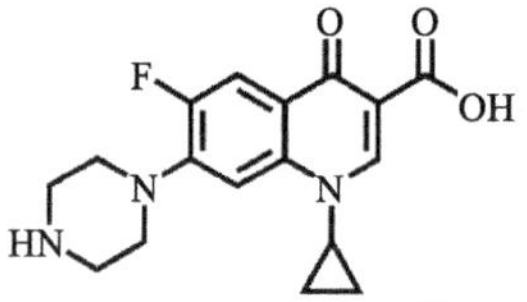	$C_{17}H_{18}FN_3O_3$	331.346	332	288/314
PEF	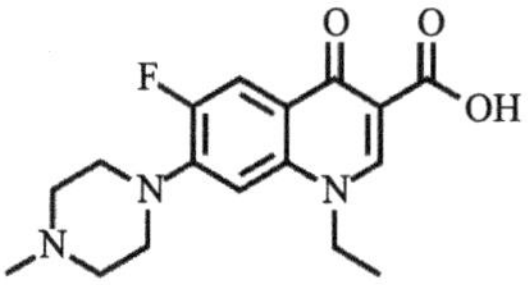	$C_{17}H_{20}FN_3O_3$	333.358	334	290/316
LOM	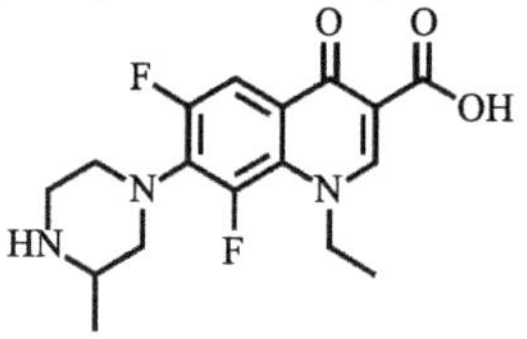	$C_{17}H_{19}F_2N_3O_3$	351.348	352	265/288/308
ENR	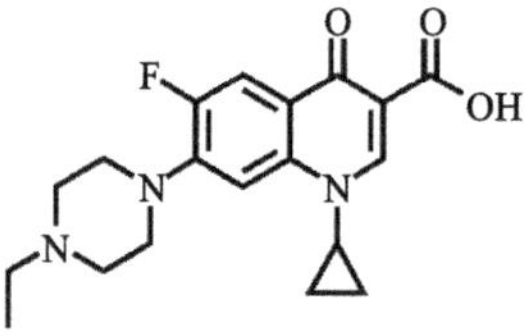	$C_{19}H_{22}FN_3O_3$	359.395	360	316/342
OFL	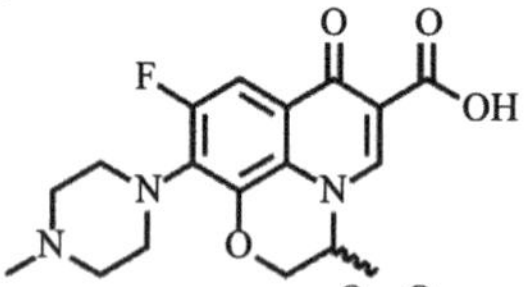	$C_{18}H_{20}FN_3O_4$	361.368	362	318/344
ENR-d5	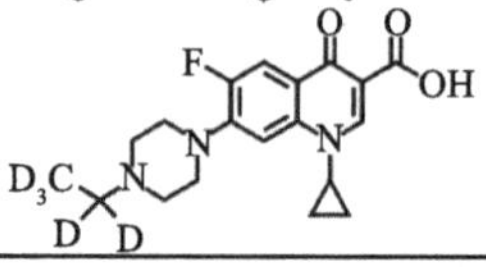	$C_{19}D_5H_{17}FN_3O_3$	364.430	365	——

3. 内标法定量的可行性验证

　　传统的基于 ESI 质谱的定量方法是液相色谱分离后基于目标峰面积来进行定量的。然而，它们仍存在诸如分析时间长，溶剂和试剂消耗量大以及样品通量低的缺点。我们提出了一种直接使用 ESI 质谱在全扫描模式下对目标分析物进行定性分析的策略。该方法不需要液相色谱分离，因此我们需要开发一种不基于色谱峰面积的定量方法。在我们以前的工作中，针对 MALDI 质谱开发了使用同位素 IS 的定量分析方法[57]。在 Lin 等的工作中，通过监测分析物与 IS 之间的强度比实现了分析物的定量分析[50]。与不使用 IS 相比，使用稳定同位素稀释法有助于得到优异的线性响应。然而，对于多重代谢物的定性分析需要用到多个 IS。因此，我们在这里探讨七种 QNs 的定量能否只使用一种物质作为 IS。用甲醇溶剂制备了一系列由相同量的 NOR、OFL、PEF、LOM、ENR、CIP、ENO 和 50 ng/mL 的 ENR-d5 组成的标准 QNs 混合物溶液，使用相对峰强度得到标准工作曲线，相对峰强度与浓度之间呈现良好的线性关系（对于 NOR，$R^2 = 0.9939$；对于 ENO，$R^2 = 0.9938$；对于 CIP，$R^2 = 0.9930$；对于 PEF，$R^2 = 0.9958$；对于 LOM，$R^2 = 0.9952$；对于 ENR，$R^2 = 0.9981$；对于 OFL，$R^2 = 0.9995$），这证明了仅使用一种 IS 方法可以获得令人满意的定量行为。这种现象可能归因于这些化学物质结构的相似性。因此，使用单个 IS 可以实现多个 QNs 的定量，这将大大降低 IS 的使用成本。

4. 微流控芯片-质谱联用在线定量 QNs

为了实现稳健和高通量的在线分析策略，我们在微流控芯片-质谱联用平台上使用 IS 方法对 QNs 残留建立定量方法。建立的微流控芯片装置能够促进 QN-mAb/MB 与目标物 QNs 和 IS 之间的同时反应，并且具有 8 个平行的反应通道。为了分析牛奶样品中的 QNs，需要对牛奶样本进行预处理。目前已经报道了多种牛奶样品的制备方法，包括牛奶稀释法和溶剂萃取法[43]等。在我们的实验中，我们选择了一种简单有效的方法，即使用三氯乙酸沉淀蛋白质。之后，使用截留膜（$d = 10\ \mu m$）分离样品以除去沉淀的蛋白质。滤液用 NaOH 中和，并用 1×PBS 稀释用于进一步分析。然后将 7 种 QNs 的标准溶液加入牛奶提取物中以获得基质匹配的标准样品。在分析前，预先将 IS 加入标准样品中，随后将样品和 QN-mAb/MB 的溶液注入通道中，在设计的样品混合区域发生亲和捕获反应，并被放置在磁分离室下方的磁铁吸引而固定到磁分离室中。之后通入高纯水洗涤被固定的 QN-mAb/MB。在质谱检测之前，将微流控芯片与 ESI 源组合。捕获的 QNs 和 IS 用甲醇进行洗脱，而 QN-mAb/MB 仍保留在磁分离微室中。在微流控芯片上分析一个样品只需要不到 30 min 的时间。

为了研究微流控芯片-质谱联用的稳定性，在洗脱过程中获得了 7 种 QNs 和 ENR-d5（2.5 ng/mL）的离子色谱图与 ESI 质谱图。图 4-9（ⅰ）显示了整个洗脱过程获得的富集并洗脱后的 QNs 和 ENR-d5 的混合物的 ESI 质谱图。在用 QN-mAb/MB 纯化与富集后，所有 7 种 QNs 和 IS 都可以被检测到，且具有低背景信号干扰。这证明了基于微流控芯片的免疫亲和富集方法因 QN-mAb 的特异性亲和力，不仅可以预浓缩目标化合物，还可以排除样品中大多数基质物质的干扰。

同时，如图 4-9（a）～（h）所示，在洗脱期间可以观察到目标物的明显扩散，并且目标物信号随着监测时间存在轻微波动，这可能是由于少量共洗脱的基质化合物对分析物电离的影响。提取的分析物强度与检测时间的变化揭示一种不可再现的信号响应迹象，所以微流控芯片-质谱联用系统失去了绝对定量分析的能力。然而，所有提取的分析物（包括 7 种 QNs 和 IS）的信号强度与采样时间之间的关系非常相似。我们对响应信号曲线进行了进一步的平滑处理。由分析物和 IS 之间的强度比与检测时间得到的曲线可以观察到微流控芯片-质谱联用在线定量 QNs 的稳定性。这可能是因为 QNs 和 IS 的结构与化学性质的相似性有效地补偿了共洗脱分析物的基质效应。因此，可以通过监测分析物和 IS 之间的强度比来进行分析物的定量分析。

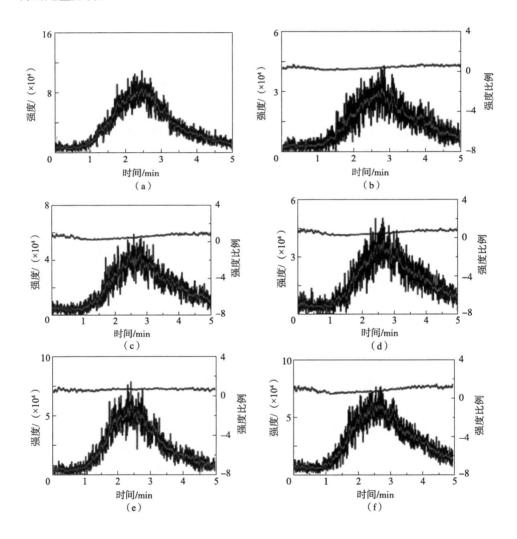

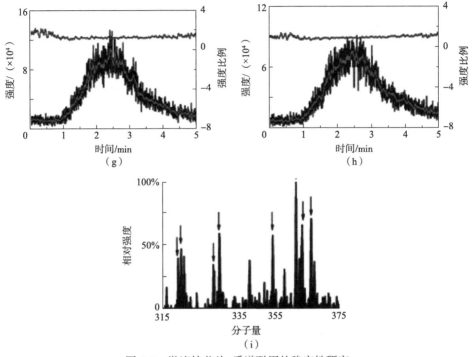

图 4-9　微流控芯片-质谱联用的稳定性研究

（a）~（h）分别为 ENR-d5、NOR、ENO、CIP、PEF、LOM、ENR、洗脱期间的 OFL 的提取强度和平滑提取强度图，目标化合物与 IS ENR-d5 之间的强度比与采样时间。富集前的目标化合物和 ENR-d5 均为 2.5 ng/mL。（i）中 QNs 和 ENR-d5 混合物浓度为 2.5 ng/mL，使用 QN-mAb/MB 进行富集

　　开发的微流控芯片-质谱联用方法的线性实验以 2.5 ng/mL 的 IS 和 0.2 ng/mL 至 10 ng/mL 的 QNs 的浓度范围进行。从实时获得的总离子色谱图中收集并提取每一个 QNs 和 IS 的提取离子色谱图，从提取离子色谱图中获得最高的信号强度，并得到相应的 QNs 与 IS 之间的强度比。在获得最高强度（通常在 2.5 min）后，立即对检测到的物质进行 MS/MS 分析。图 4-10 中显示了针对 7 种 QNs 的标准工作曲线，展示了相对强度与浓度之间良好的线性关系（对于 NOR，$R^2 = 0.9913$；对于 ENO，$R^2 = 0.9935$；对于 CIP，$R^2 = 0.9949$；对于 PEF，$R^2 = 0.9969$；对于 LOM，$R^2 = 0.9929$；对于 ENR，$R^2 = 0.9932$；对于 OFL，$R^2 = 0.9940$），这证明了该免疫亲和微流控芯片-质谱联用平台具有令人满意的定量能力。基于 3 倍信噪比的原理，检测限在 0.047~0.490 ng/mL 范围（相应地为 0.47~4.90 μg/kg）。我们进一步评估了牛奶样品中 7 种 QNs 的回收率。甲醇洗脱开始后，在最初的 2.5 min 内连续采集离子色谱图和 ESI 质谱图。图 4-11（a）和图 4-11（b）展示了浓度为 10 μg/kg 的 QNs 加标牛奶样品的提取离子色谱图和典型质谱图。2.5 min 后，立即对检测到的目标 QNs 进行 MS/MS 分析。每个目标分子的 MS/MS 分析的采集时

间为 0.1 min。如图 4-11（c）所示，检测到的目标分子的 MS/MS 质谱图提供了额外的结构信息，分子片段均证实样品中相应的 7 种 QNs。然后利用所得的标准工作曲线进行目标分析物的定量。如表 4-3 所示，在加标浓度为 5 μg/kg、10 μg/kg 和 25 μg/kg 时，7 种分析物的平均回收率为 67.7% 至 107.1%，RSD 为 2.8% 至 16.4%。结果证明了所开发的免疫亲和微流控芯片-质谱联用方法可以有效地提取与分析牛奶样品中的 QNs。

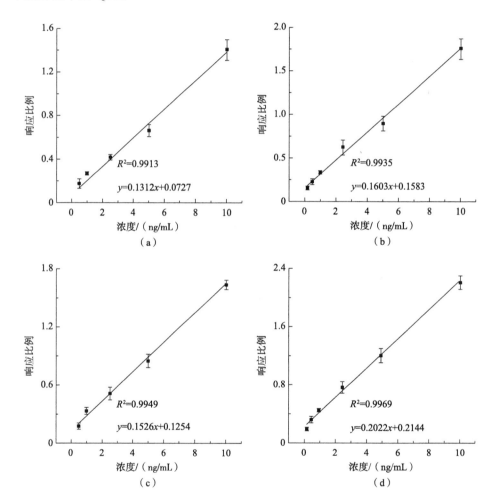

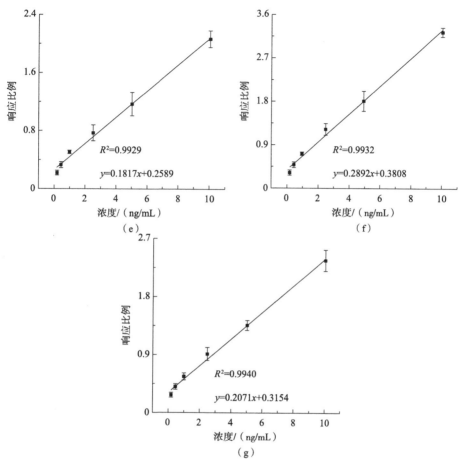

图 4-10　使用 QN-mAb/MB 富集的 NOR（a）、ENO（b）、CIP（c）、PEF（d）、LOM（e）、
ENR（f）和 OFL（g）的校准曲线

响应比例表示混合物中目标化合物与 ENR-d5 之间的强度比。ENR-d5 的浓度为 2.5 ng/mL

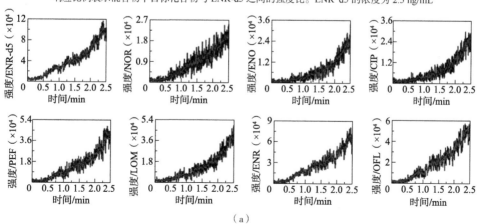

（a）

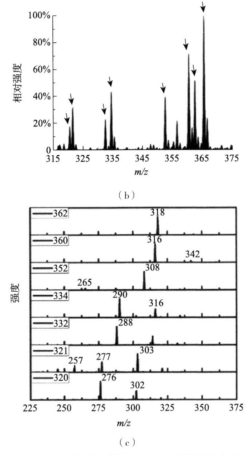

（b）

（c）

图 4-11　加标牛奶样品中 QNs 的定量和鉴定

表4-3　加标样品（*n*=3）中7种QNs的回收率和RSD

分析物	浓度/（μg/kg）	回收率	RSD
NOR	5	81.5%	6.1%
	10	98.6%	9.2%
	25	75.0%	7.2%
ENO	5	96.3%	9.8%
	10	104.1%	3.8%
	25	85.6%	7.5%
CIP	5	67.7%	14.9%
	10	91.3%	5.1%
	25	95.1%	6.2%

续表

分析物	浓度/（μg/kg）	回收率	RSD
PEF	5	85.3%	1.8%
	10	107.1%	5.2%
	25	88.3%	2.8%
LOM	5	69.9%	11.7%
	10	77.5%	12.4%
	25	79.7%	9.4%
ENR	5	83.1%	13.6%
	10	76.3%	8.6%
	25	105.1%	11.5%
OFL	5	89.7%	10.5%
	10	89.4%	16.4%
	25	92.1%	7.7%

　　免疫亲和微流控芯片-质谱联用平台被成功开发用于定性与定量分析牛奶基质中的 QNs 残留物。样品进样、样品提取、免疫亲和反应、磁分离和在线洗脱结合直接 ESI 质谱分析等功能被整合到同一平台，并进行自动化分析。基于抗体的特异性，开发了全扫描模式的直接 ESI 质谱分析和用于鉴定靶标的 MS/MS 分析方法。同时提出了一种单一同位素 IS 方法用于定量分析 QNs。所提出的微流控芯片-质谱平台能够同时测定牛奶样品中的 7 种 QNs，具有特异性和高灵敏度，并具有几个明显的优点，如少的试剂消耗量、简化的样品预处理步骤、高通量和在线分析。我们所提出免疫亲和微流控芯片-质谱联用 ESI 方法代表了一种强大的新型工具，可作为进行实验室监管分析的有效定量筛选方法。

4.4　基于质谱与深度学习算法的有机牛奶鉴别技术研究

　　随着社会经济发展，人们对食品质量越来越重视，有机食品更受到消费者青睐。牛奶是人们所需要的饮品，也具有保健和医疗价值，常喝牛奶可以强身益智，对儿童的智力发育有很大的帮助作用，是补充蛋白质和健脑的首选饮品。

随着奶粉市场进入多元化、精细化、专业化发展时代，消费者对奶粉的要求正在不断提升，其中有机奶粉作为助力品类高端化的重要细分类，近年来呈现持续发力的趋势，尼尔森数据显示，截至 2019 年 7 月，母婴快消品品类的增长驱动因素仍为消费升级新品模式，其中乳制品呈现明显升级趋势，在新品带动下呈现积极增长态势。虽然有机奶粉在整个奶粉市场中占比较小，且其平均价格高出奶粉品类均价 49%，但增速依旧强劲，2019 年同比销售额增长高达77%。

有机牛奶造假和溯源质量保障缺失，不仅产生食品安全伤害，也会造成生产厂商因为质量保障问题而产生经济损失。目前实体市场和电商平台流通缺少快速分段检测方法，人工化学实验方式识别检测耗时耗力，且工作效率难以保障，难以快速有效进行有机牛奶识别检测，提供有机牛奶溯源检测保障。可靠的有机认证是保护高价值有机食品的关键。快速认证方法在食品工业中具有重要意义。有机牛奶认证是产品企业和消费者所需要的。近年来，质谱技术被用于食品质量和化学信息的检测。面对海量的质谱数据，传统的质谱化学计量学方法需要先验的领域专家设计模型，能力有限，人工提取原始数据的成本高。为了对有机牛奶进行鉴别，人们提出了一种基于深度学习原理的鉴别方法。该方法通过构建一维CNN 和建立质谱数据库，实现了有机牛奶的鉴别。与传统检测算法相比，在标定数据集和测试数据集上，深度学习的准确率均达到 100%。因此，这种简单、快速的技术对有机牛奶的鉴别具有一定的价值。研究表明，基于质谱和深度学习的检测方法在相关食品质量检测和化学分析研究中具有应用价值。

有机牛奶含有多种人体必需的营养成分，已经成为我们日常饮食中不可缺少的成分。为了鉴别有机牛奶的真伪，人们探索了许多传统的免疫学和化学方法，如 ELISA[66]、气相色谱法[67]、凝胶或毛细管电泳及高效液相色谱[68]及质谱[69-70]，在这些技术中，近年来，质谱技术逐步得到重视并广泛用于分析化学成分和鉴别食品性质[71]。

然而，由于食品的组成和表征复杂，质谱图可能是由几个分析峰重叠形成的。在某些情况下，同一品牌的普通牛奶和有机牛奶的色谱图可能过于相似，无法直接区分。为了进一步改进现有的方法，许多研究者提出了使用谱图技术与化学计量学方法相结合的方法来鉴别食品中的掺假物质，其中比较经典的方法是PCA[72]、线性鉴别分析方法[73]和 SVM[74]。质谱具有灵敏度高、鲁棒性好、检出限低、线性动态范围大等优点，是近年来食品分析研究中应用最广泛的分析技术之一，利用质谱信息进行食品属性无损检测的方法逐步得到重视[75]。

4.4.1　实验部分

实验样本为 60 份××乳业生产的液态奶样品，其中包括 30 份有机牛奶和 30 份普通牛奶。

4.4.2　结果与讨论

在本节中，我们最初提出利用 CNN 模型对有机牛奶进行质谱鉴定。在 CNN 处理流程中，CNN 的上下两层都可以得到隐藏在质谱中的详细特征，由网络的输出部分进行分类。该方法无需人工提取特征即可实现。结果表明，基于质谱和深度学习的方法具有较好的准确性。

1. 奶制品质谱分析

在检测样品前，牛奶原液被稀释 100 倍。有机牛奶样品的 MALDI-TOF/TOF 质谱如图 4-12 所示，普通牛奶样品的 MALDI-TOF/TOF 质谱如图 4-13 所示。在 Plus MALDI-TOF/TOF 质谱仪上进行了 MALDI-TOF 质谱实验。脉冲 Nd：YAG 激光器（355 nm 波长），正线性模式。有机牛奶和普通牛奶的质谱曲线如图 4-12 和图 4-13 所示。鉴于牛奶中蛋白质含量高，质谱中的大部分峰信息来自蛋白质分子。高度相似的模式表明，这两种牛奶的成分非常接近，仅凭人工提取特征进行区分的检测效率比较低。

2. 基于深度学习 CNN 的奶制品鉴别分析

本实验研究设计的基于深度学习 CNN 具体主要由三个子单元、一维卷积层、平均池化层、归一化层、一层 Dropout（丢弃）函数隐藏节点层、一层 Softmax（柔性最大值）函数分类层构成，质谱数据传输到第一个子单元，三个子单元依次连接传递，最后一个子单元输出有机牛奶判断结果。训练数据集由 48 个牛奶样本组成，测试数据集由 12 个相同数量的牛奶样本组成。每个样品的质谱数据包含一个 27 619 数据阵列。

如图 4-14 所示，第一个子单元包括以数据传递顺序依次连接的 3 个 25 长度一维卷积核的卷积层 1、平均池化层 1、归一化层 1；第二个子单元包括以数据传递顺序依次连接的 40 个 25 长度一维卷积核的卷积层 2、平均池化层 2、归一化层 2；第三个子单元包括以数据传递顺序依次连接的 Dropout 层 1、3 个 1 长度一维

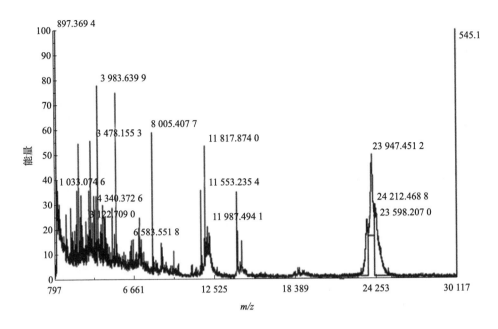

图 4-12　有机牛奶质谱图

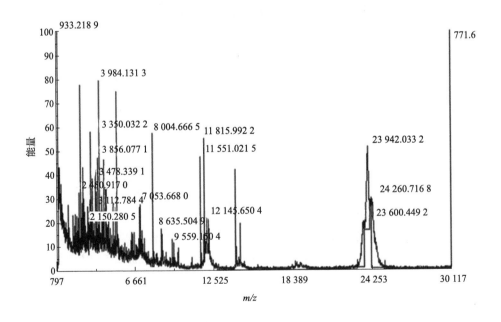

图 4-13　普通牛奶质谱图

卷积核的卷积层 3、平均池化层 3、Softmax 层 1。归一化层 1 作为第一个子单元
的输出传递到第二个子单元的卷积层 2；归一化层 2 作为第二个子单元的输出传

递到第三个子单元的 Dropout 层 1；Softmax 层 1 输出有机牛奶鉴别判断结果。

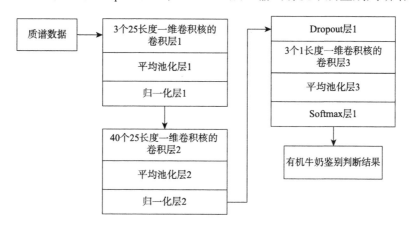

图 4-14　网络训练流程图

　　检测网络应用流程图如图 4-15 所示。采集有机牛奶和普通牛奶对应的质谱数据构成训练集合，将该训练数据输入 CNN，采用 RMSprop 优化算法训练 CNN，直到 CNN 的误差达到最小值完成收敛，并获得完成训练后的 CNN 中各个参数组建的网络连接权重矩阵 M，其中损失计算采用两分类对数损失函数。而后采集待检测有机牛奶质谱数据，送入已经训练好的 CNN，经识别获得有机牛奶检测结果。

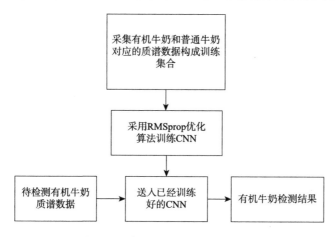

图 4-15　检测网络应用流程图

　　建立 CNN 的训练模型并利用该模型对有机牛奶进行判别是一个系统的过程。将训练数据集中牛奶的质谱数据发送到初始化网络进行迭代训练。完成身份验证模型后，可以使用测试数据集对身份验证模型进行测试。该网络模型能够对牛奶的质谱数据进行分析并给出认证结果。在本实验中，训练数据集有牛奶的质谱数据。通过 Softmax 函数可以得到分类输出数据，还可以得到品种结果的概率分布。在网络的训练过程中，更新认证模型的权值数据和偏差数据，在连续的迭代训练下，网络参数会朝着损失函数值逐渐减小的方向变化。当训练结束时，损失函数的值达到一个很低的水平，将网络训练视为收敛。在训练过程中，使用输出层 Softmax 分类器对有机牛奶进行区分，并选择概率最大的类别作为输出结果。

如表 4-4 所示，基于深度学习 CNN 的准确率最高，达到 100.0%，偏最小二乘法–判别分析的准确率为 87.5%，LDA 方法的准确率为 85.4%，二次判别法准确率达到 91.7%。

表4-4　检测结果

牛奶样品	基于深度学习 CNN 准确率	偏最小二乘法–判别分析准确率	LDA 方法准确率	二次判别法准确率
液态奶	100.0%	87.5%	85.4%	91.7%

传统的质量化学计量学方法需要先验领域专家设计模型，人工提取特征，利用质谱对有机牛奶进行鉴别。本节最初提出了一种基于深度学习 CNN 的质谱有机牛奶认证方法。实验结果表明，本节提出的基于深度学习的方法在训练验证和测试数据集上的准确率均达到 100.0%。然后，我们比较和评价了四种不同算法（偏最小二乘法–判别分析、LDA 和二次判别法）对测试样本的准确性。在这些算法中，基于深度学习 CNN 方法在测试组的预测精度都是最好的。此外，基于质谱和深度学习的检测方法在相关食品质量检测与化学分析研究中具有潜在的应用价值。

参 考 文 献

[1] Jiang W X，Wang Z H，Beier R C，et al. Simultaneous determination of 13 fluoroquinolone and 22 sulfonamide residues in milk by a dual-colorimetric enzyme-linked immunosorbent assay. Analytical Chemistry，2013，85：1995-1999.

[2] Gaudin V. Advances in biosensor development for the screening of antibiotic residues in food products of animal origin – a comprehensive review. Biosensors and Bioelectronics，2017，90：363-377.

[3] Chen T，Cheng G Y，Ahmed S，et al. New methodologies in screening of antibiotic residues in animal-derived foods：biosensors. Talanta，2017，175：435-442.

[4] Zamora-Gálvez A，Ait-Lahcen A，Mercante L A，et al. Molecularly imprinted polymer-decorated

magnetite nanoparticles for selective sulfonamide detection. Analytical Chemistry, 2016, 88: 3578-3584.

[5] Chen Y Q, Chen Q, Han M M, et al. Near-infrared fluorescence-based multiplex lateral flow immunoassay for the simultaneous detection of four antibiotic residue families in milk. Biosensors & Bioelectronics, 2016, 79: 430-434.

[6] Han S J, Zhou T J, Yin B J, et al. A sensitive and semi-quantitative method for determination of multi-drug residues in animal body fluids using multiplex dipstick immunoassay. Analytica Chimica Acta, 2016, 927: 64-71.

[7] Wang J, Cheng M T, Zhang Z, et al. An antibody-graphene oxide nanoribbon conjugate as a surface enhanced laser desorption/ionization probe with high sensitivity and selectivity. Chemical Communications, 2015, 51: 4619-4622.

[8] Gan J R, Wei X, Li Y X, et al. Designer SiO$_2$@Au nanoshells towards sensitive and selective detection of small molecules in laser desorption ionization mass spectrometry. Nanomedicine: Nanotechnology, Biology and Medicine, 2015, 11: 1715-1723.

[9] Gulbakan B, Yasun E, Shukoor M I, et al. A dual platform for selective analyte enrichment and ionization in mass spectrometry using aptamer-conjugated graphene oxide. Journal of the American Chemical Society, 2010, 132: 17408-17410.

[10] Ma R N, Lu M H, Ding L, et al. Surface-assisted laser desorption/ionization mass spectrometric detection of biomolecules by using functional single-walled carbon nanohorns as the matrix. Chemistry-A European Journal, 2013, 19: 102-108.

[11] Wang J N, Sun J Y, Wang J, et al. Hexagonal boron nitride nanosheets as a multifunctional background-free matrix to detect small molecules and complicated samples by MALDI mass spectrometry. Chemical Communications, 2017, 53: 8114-8117.

[12] Kuo T R, Chen Y C, Wang C I, et al. Highly oriented Langmuir-Blodgett film of silver cuboctahedra as an effective matrix-free sample plate for surface-assisted laser desorption/ionization mass spectrometry. Nanoscale, 2017, 9: 11119-11125.

[13] Huang X, Liu Q, Huang X Y, et al. Fluorographene as a mass spectrometry probe for high-throughput identification and screening of emerging chemical contaminants in complex samples. Analytical Chemistry, 2017, 89: 1307-1314.

[14] Lu W J, Li Y, Li R J, et al. Facile synthesis of N-doped carbon dots as a new matrix for detection of hydroxy-polycyclic aromatic hydrocarbons by negative-ion matrix-assisted laser desorption/ ionization time-of-flight mass spectrometry. ACS Applied Materials & Interfaces, 2016, 8: 12976-12984.

[15] Xu G J, Liu S J, Peng J X, et al. Facile synthesis of Gold@Graphitized mesoporous silica nanocomposite and its surface-assisted laser desorption/ionization for time-of-flight mass spectroscopy. ACS Applied Materials & Interfaces, 2015, 7: 2032-2038.

[16] Huang X, Liu Q, Fu J J, et al. Screening of toxic chemicals in a single drop of human whole blood using ordered mesoporous carbon as a mass spectrometry probe. Analytical Chemistry, 2016, 88: 4107-4113.

[17] Ma Y R, Zhang X L, Zeng T, et al. Polydopamine-coated magnetic nanoparticles for enrichment and direct detection of small molecule pollutants coupled with MALDI-TOF-MS. ACS Applied Materials & Interfaces, 2013, 5: 1024-1030.

[18] Liu Q A, Cheng M T, Wang J, et al. Graphene oxide nanoribbons: improved synthesis and application in MALDI mass spectrometry. Chemistry-A European Journal, 2015, 21: 5594-5599.

[19] Zhao Y J, Deng G Q, Liu X H, et al. MoS$_2$/Ag nanohybrid: a novel matrix with synergistic effect for small molecule drugs analysis by negative-ion matrix-assisted laser desorption/ionization time-of-flight mass spectrometry. Analytica Chimica Acta, 2016, 937: 87-95.

[20] Hu J J, Liu F, Ju H X, et al. MALDI-MS patterning of caspase activities and its application in the assessment of drug resistance. Angewandte Chemie-International Edition, 2016, 55: 6667-6670.

[21] Wei Y B, Li S M, Wang J X, et al. Polystyrene spheres-assisted matrix-assisted laser desorption ionization mass spectrometry for quantitative analysis of plasma lysophosphatidylcholines. Analytical Chemistry, 2013, 85: 4729-4734.

[22] Hosu I S, Sobaszek M, Ficek M, et al. Carbon nanowalls: a new versatile graphene based interface for the laser desorption/ionization-mass spectrometry detection of small compounds in real samples. Nanoscale, 2017, 9: 9701-9715.

[23] Chen S M, Zheng H Z, Wang J N, et al. Carbon nanodots as a matrix for the analysis of low-molecular-weight molecules in both positive- and negative-ion matrix-assisted laser desorption/ionization time-of-flight mass spectrometry and quantification of glucose and uric acid in real samples. Analytical Chemistry, 2013, 85: 6646-6652.

[24] Xie J E, Jiang H Y, Shen J Z, et al. Design of multifunctional nanostructure for ultrafast extraction and purification of aflatoxins in foodstuffs. Analytical Chemistry, 2017, 89: 10556-10564.

[25] García-Galán M J, Díaz-Cruz M S, Barceló D. Combining chemical analysis and ecotoxicity to determine environmental exposure and to assess risk from sulfonamides. TrAC Trends in Analytical Chemistry, 2009, 28 (6): 804-819.

[26] Veach B T, Mudalige T K, Rye P. Rapidfire mass spectrometry with enhanced throughput as an alternative to liquid–liquid salt assisted extraction and LC/MS analysis for sulfonamides in honey. Analytical Chemistry, 2017, 89: 3256-3260.

[27] Zhu W X, Yang J Z, Wang Z X, et al. Rapid determination of 88 veterinary drug residues in milk using automated TurborFlow online clean-up mode coupled to liquid chromatography-tandem mass spectrometry. Talanta, 2016, 148: 401-411.

[28] Malá Z, Gebauer P, Boček P. New methodology for capillary electrophoresis with ESI-MS detection : Electrophoretic focusing on inverse electromigration dispersion gradient. High-sensitivity analysis of sulfonamides in waters. Analytica Chimica Acta, 2016, 935: 249-257.

[29] Li C, Wang Z H, Cao X Y, et al. Development of an immunoaffinity column method using broad-specificity monoclonal antibodies for simultaneous extraction and cleanup of quinolone and sulfonamide antibiotics in animal muscle tissues. Journal of Chromatography A, 2008,

1209：1-9.

[30] Li R J，Wu M C. High-throughput determination of 30 veterinary drug residues in milk powder by dispersive solid-phase extraction coupled with ultra-high performance liquid chromatography tandem mass spectrometry. Food Analytical Methods，2017，10：3753-3762.

[31] Yang P，Chang J S，Wong J W，et al. Effect of sample dilution on matrix effects in pesticide analysis of several matrices by liquid chromatography-high-resolution mass spectrometry. Journal of Agricultural and Food Chemistry，2015，63：5169-5177.

[32] Hoff R B，Rübensam G，Jank L，et al. Analytical quality assurance in veterinary drug residue analysis methods：matrix effects determination and monitoring for sulfonamides analysis. Talanta，2015，132：443-450.

[33] Lin Z A，Zheng J N，Lin G，et al. Negative ion laser desorption/ionization time-of-flight mass spectrometric analysis of small molecules using graphitic carbon nitride nanosheet matrix. Analytical Chemistry，2015，87：8005-8012.

[34] Kim Y K，Na H K，Kwack S J，et al. Synergistic effect of graphene oxide/MWCNT films in laser desorption/ionization mass spectrometry of small molecules and tissue imaging. ACS Nano，2011，5：4550-4561.

[35] Jiang W X，Beloglazova N V，Wang Z H，et al. Development of a multiplex flow-through immunoaffinity chromatography test for the on-site screening of 14 sulfonamide and 13 quinolone residues in milk. Biosensors & Bioelectronics，2015，66：124-128.

[36] Cháfer-Pericás C，Maquieira Á，Puchades R. Fast screening methods to detect antibiotic residues in food samples. TrAC-Trends in Analytical Chemistry，2010，29：1038-1049.

[37] Rodríguez-Gómez R，García-Córcoles M T，Çipa M，et al. Determination of quinolone residues in raw cow milk. Application of polar stir-bars and ultra-high performance liquid chromatography-tandem mass spectrometry. Food Additives and Contaminants Part A-Chemistry Analysis Control Exposure & Risk Assessment，2018，35（6）：1127-1138.

[38] Fan W Y，He M，Wu X R，et al. Graphene oxide/polyethyleneglycol composite coated stir bar for sorptive extraction of fluoroquinolones from chicken muscle and liver. Journal of Chromatography A，2015，1418：36-44.

[39] Kergaravat S V，Nagel O G，Althaus R L，et al. Magneto immunofluorescence assay for quinolone detection in bovine milk. Food Analytical Methods，2020，13（8）：1539-1547.

[40] Ye S B，Huang Y，Lin D Y. QuEChERS sample pre-processing with UPLC-MS/MS：a method for detecting 19 quinolone-based veterinary drugs in goat's milk. Food Chemistry，2022，373（B）：131466.

[41] Dorival-García N，Junza A，Zafra-Gómez A，et al. Simultaneous determination of quinolone and β-lactam residues in raw cow milk samples using ultrasound-assisted extraction and dispersive-SPE prior to UHPLC-MS/MS analysis. Food Control，2016，60：382-393.

[42] Herrera-Herrera A V，Hernández-Borges J，Rodríguez-Delgado M A，et al. Determination of quinolone residues in infant and young children powdered milk combining solid-phase extraction and ultra-performance liquid chromatography-tandem mass spectrometry. Journal of

Chromatography A，2011，1218：7608-7614.

[43] Acaroz U, Dietrich R, Knauer M, et al. Development of a generic enzyme-immunoassay for the detection of fluoro（quinolone）-residues in foodstuffs based on a highly sensitive monoclonal antibody. Food Analytical Methods, 2020, 13（3）：780-792.

[44] Pan Y, Fei D W, Liu P H, et al. Surface-enhanced Raman scattering-based lateral flow immunoassay for the detection of chloramphenicol antibiotics using Au@Ag nanoparticles. Food Analytical Methods, 2021, 14（12）：2642-2650.

[45] Nge P N, Rogers C I, Woolley A T. Advances in microfluidic materials, functions, integration, and applications. Chemical Reviews, 2013, 113：2550-2583.

[46] Fan R, Vermesh O, Srivastava A, et al. Integrated barcode chips for rapid, multiplexed analysis of proteins in microliter quantities of blood. Nature Biotechnology, 2008, 26：1373-1378.

[47] Chung K, Crane M M, Lu H. Automated on-chip rapid microscopy, phenotyping and sorting of C. elegans. Nature Methods, 2008, 5：637-643.

[48] Lin S L, Lin T Y, Fuh M R. Recent developments in microfluidic chip-based separation devices coupled to MS for bioanalysis. Bioanalysis, 2013, 5：2567-2580.

[49] Wu J, He Z Y, Chen Q S, et al. Biochemical analysis on microfluidic chips. TrAC-Trends in Analytical Chemistry, 2016, 80：213-231.

[50] Chen Q S, Wu J, Zhang Y D, et al. Qualitative and quantitative analysis of tumor cell metabolism via stable isotope labeling assisted microfluidic chip electrospray ionization mass spectrometry. Analytical Chemistry, 2012, 84：1695-1701.

[51] Zhang J, Wu J, Li H F, et al. An *in vitro* liver model on microfluidic device for analysis of capecitabine metabolite using mass spectrometer as detector. Biosensors & Bioelectronics, 2015, 68：322-328.

[52] Gao D, Wei H B, Guo G S, et al. Microfluidic cell culture and metabolism detection with electrospray ionization quadrupole time-of-flight mass spectrometer. Analytical Chemistry, 2010, 82：5679-5685.

[53] Gasilova N, Qiao L A, Momotenko D, et al. Microchip emitter for solid-phase extraction-gradient elution-mass spectrometry. Analytical Chemistry, 2013, 85：6254-6263.

[54] Gasilova N, Srzentić K, Qiao L A, et al. On-chip mesoporous functionalized magnetic microspheres for protein sequencing by extended bottom-up mass spectrometry. Analytical Chemistry, 2016, 88：1775-1784.

[55] Kirby A E, Wheeler A R. Microfluidic origami: a new device format for in-line reaction monitoring by nanoelectrospray ionization mass spectrometry. Lab on a Chip, 2013, 13：2533-2540.

[56] Cong Y Z, Katipamula S, Trader C D, et al. Mass spectrometry-based monitoring of millisecond protein-ligand binding dynamics using an automated microfluidic platform. Lab on a Chip, 2016, 16：1544-1548.

[57] Zhao Y J, Tang M M, Liao Q B, et al. Disposable MoS$_2$-arrayed MALDI MS chip for high-throughput and rapid quantification of sulfonamides in multiple real samples. ACS

Sensors，2018，3：806-814.

[58] Zhao Y J，Liu X H，Li J，et al. Microfluidic chip-based silver nanoparticles aptasensor for colorimetric detection of thrombin. Talanta，2016，150：81-87.

[59] He B，Burke B J，Zhang X A，et al. A picoliter-volume mixer for microfluidic analytical systems. Analytical Chemistry，2001，73：1942-1947.

[60] Liu X H，Li H，Zhao Y J，et al. Multivalent aptasensor array and silver aggregated amplification for multiplex detection in microfluidic devices. Talanta，2018，188：417-422.

[61] Jiang H L，Li N，Cui L，et al. Recent application of magnetic solid phase extraction for food safety analysis. TrAC Trends in Analytical Chemistry，2019，120：115632.

[62] Jia W，Shi L，Chu X G. Untargeted screening of sulfonamides and their metabolites in salmon using liquid chromatography coupled to quadrupole Orbitrap mass spectrometry. Food Chemistry，2018，239：427-433.

[63] Hu S P，Zhao M，Xi Y Y，et al. Nontargeted screening and determination of sulfonamides：a dispersive micro solid-phase extraction approach to the analysis of milk and honey samples using liquid chromatography-high-resolution mass spectrometry. Journal of Agricultural and Food Chemistry，2017，65：1984-1991.

[64] Bertuzzi T，Rastelli S，Mulazzi A，et al. LC-MS/MS determination of mono-glutamate folates and folic acid in beer. Food Analytical Methods，2019，12（3）：722-728.

[65] Lindsey M E，Meyer T M，Thurman E M. Analysis of trace levels of sulfonamide and tetracycline antimicrobials，in groundwater and surface water using solid-phase extraction and liquid chromatography/mass spectrometry. Analytical Chemistry，2001，73：4640-4646.

[66] Addeo F，Pizzano R，Nicolai M A，et al. Fast isoelectric focusing and antipeptide antibodies for detecting bovine casein in adulterated water buffalo milk and derived mozzarella cheese. Journal of Agricultural and Food Chemistry，2009，57：10063-10066.

[67] Enne G，Elez D，Fondrini F，et al. High performance liquid chromatography of governing liquid to detect illegal bovine milk's addition in water buffalo Mozzarella：comparison with results from raw milk and cheese matrix. Journal of Chromatography A，2005，1094：169-174.

[68] Cunsolo V，Muccilli V，Saletti R，et al. Applications of mass spectrometry techniques in the investigation of milk proteome. European Journal of Mass Spectrometry，2011，17：305-320.

[69] Chen R K，Chang L W，Chung Y Y，et al.Quantification of cow milk adulteration in goat milk using high-performance liquid chromatography with electrospray ionization mass spectrometry. Rapid Communications in Mass Spectrometry，2004，18：1167-1171.

[70] Czerwenka C，Müller L，Lindner W. Detection of the adulteration of water buffalo milk and mozzarella with cow's milk by liquid chromatography-mass spectrometry analysis of β-lactoglobulin variants. Food Chemistry，2010，122：901-908.

[71] Fang G H，Goh J Y，Tay M，et al. Characterization of oils and fats by ^{1}H NMR and GC/MS fingerprinting：classification，prediction and detection of adulteration. Food Chemistry，2013，138：1461-1469.

[72] Yener S，Romano A，Cappellin L，et al. Tracing coffee origin by direct injection headspace

analysis with PTR/SRI-MS. Food Research International，2015，69：235-243.

[73] Hu L Z，Toyoda K，Ihara I. Discrimination of olive oil adulterated with vegetable oils using dielectric spectroscopy. Journal of Food Engineering，2010，96：167-171.

[74] Lee Y，Lee C K. Classification of multiple cancer types by multicategory support vector machines using gene expression data. Bioinformatics，2003，19：1132-1139.

[75] Sales C，Portolés T，Johnsen L G，et al. Olive oil quality classification and measurement of its organoleptic attributes by untargeted GC-MS and multivariate statistical-based approach. Food Chemistry，2019，271：488-496.

第5章 基于量子计算的中药材光谱解析研究

实际样品质量安全主要从感官（包括眼、耳、鼻、舌等）检测和对样品（包括营养成分、添加剂、有害物质等）的理化生化分析等方面进行评估。随着现代分析技术方法和生物、化学等学科的交互融合，目前广泛使用的理化检测技术包括指纹图谱技术（如液相色谱、气相色谱及多项色谱质谱联用技术）、生物效价检测技术、分子鉴定技术等。质量鉴别评估方法日新月异，光谱技术作为一种物质结构分析测试手段，在保证物质完整性的前提下，可以简便、快速、有效地对食药进行理化检测。现实复杂样品（尤其是中草药）对应的特征组分光谱测量、解读、分析，需要依靠单个组分光谱和包含诸多参考材料属性的数据库进行比较，但如何获取数据库中缺乏的未知化合物特性是一大难题。计算与实验结合的多样化，在科研方面提供了许多可借鉴的经验和方法，两者取长补短，相互完善。通过光谱模拟和理论计算获取大量光谱数据，以便进一步使用人工智能算法模型加以训练构建构效关系模型，加强特征组分分析。本章内容主要从计算光谱的概念解析和对中药材主成分分子及污染物分子的应用表征进行论述。

5.1 基于量子计算的光谱分析技术概述

20 世纪初，物理学家创立量子力学（quantum mechanics），解决了旧有理论不能解释某些微观系统的问题[1, 2]。量子化学（quantum chemistry）是在此基础上发展起来的科学，可研究中小分子的结构性能及其反应历程[3]。随着计算机科学技术的高速发展，通过软件程序开发，利用模型模拟化学反应体系，逐渐形成了如今的计算化学（computational chemistry）[4]。计算化学作为一种强有力的辅助手段，可模拟、预测生命科学、化学和材料等方面的反应体系。量子化学计算与实验的有机结合、取长补短，是化学科研工作者的重要工具之一，能帮助人们更清晰地解释各种实验现象[5, 6]，被广泛应用于药物领域及实验化学领域等研究。在化学反应机理、过渡态几何构型和光化学等研究过程中，量子化学计算具有绝对的优势。譬如在化学结构的分析表征中，通过比较所研究化合物分子的实测光谱图和量子化学计算得到光谱图，可以判别出化合物的绝对构型。

分子多以不同构象存在于各环境介质中，分子模拟过程中计算一个化合物分子的光谱图，首先需找出该分子的优势构象，即分子稳定构象所对应的势能极小值，然后找出布居数，分布了解原子轨道及原子之间电荷分布的差异，最后对各种优势构象进行几何优化。通常势能面存在很多极小值位点，其中极小值能量最低点对应的构象为分子最稳定构象，即在环境介质中最普遍存在的构象。最后选择合适的计算方法和基组，计算获得化合物分子最接近实际环境的光谱图。1964年，Kohn 提出了密度泛函理论（density functional theory，DFT），基于 Hohenberg-Kohn 定理，指出电子密度决定分子的性质，而电子密度的泛函就是体系的能量[7]。DFT 旨在寻找合适的交换相关近似，从局域密度近似、广义梯度近似到非局域泛函、自相互作用修正，使得 DFT 可以提供越来越精确的计算结果。各种 DFT 所选择的交换泛函和相关泛函不同，导致了它们存在一定的差异。目前使用最广泛的为杂化密度泛函(hybrid functionals)[8]，即将非局域方法（如 Hartree-Fock 交换能）与局域方法[如广义梯度近似（generalized gradient approximation，GGA）]按照一定比例混合，常见类型有 B3LYP、B3PW91 等[9]。B3LYP 是指近似交换能泛函 B88 与近似相关能泛函 LYP 组合混入适当的 Kohn-Sham 轨道计算的精确交换能，B3PW91 是指近似交换能泛函 B88 与近似相关能泛函 PW91 组合混入适当的 Kohn-Sham 轨道计算的精确交换能。B3LYP 的交换关联泛函，常被用来准确地模拟验证一些典型的实验结果，如动力学同位素效应、电子顺磁共振参数和振动光谱、实验晶体结构吻合效果、柔性大的几何构型[10, 11]。

量子化学计算得到光谱图的步骤一般分为构象分析、谱图计算和谱图拟合，具体表现为以下几个方面。

1）构象分析

基于分子力场对化合物进行优势构象集合，然后基于量子化学对低能构象进一步优化筛选。构象分布遵循玻尔兹曼分布规律，原则上能量越低其分布占比越高，那么分布占比较小的构象在分析集合过程中可忽略不计。因此在构象搜索完成后仅选取 1~2 个能量窗进行后续的能量计算，这样既能提高计算效率又能确保精确性。而对于结构复杂、构象较多的化合物分子，则可以利用多种光谱图并行分析和约束，如利用圆二色性（circular dichroism，CD）光谱法和核磁共振波谱法（nuclear magnetic resonance spectroscopy，NMR）联用分析蛋白质结构。

2）谱图计算

对优化后的低能稳定构象，采用 DFT 中的 B3LYP 泛函结合较大基组［如 6-31++$G(d, p)$或者 6-311$G(d, p)$等］，进行不同环境介质中 CD、NMR、红外光谱、拉曼光谱等光谱的计算模拟。常用的量子化学计算软件有 Gaussian、ORCA、TURBOMOLE 等，目前使用最为广泛的为 Gaussian 软件包。计算过程中，关键词根据光谱类型进行变换，如绘制红外光谱和拉曼光谱，则需书写 "Freq=Raman" 关键词在输入文件中。若要绘制非谐振的拉曼光谱，用 Freq（Raman，Anharm）的输出文件。

3）谱图拟合

根据 Gaussian 计算输出结果，可选择 GuassSum、GuassView、Multiwfn 等软件读取数据。Multiwfn 是功能最为强大的波函数分析程序，比常用的 GaussView 绘制光谱的功能更加灵活，支持的程序不限于 Gaussian。拟合过程遵循玻尔兹曼权重因子原则，对每个低能量构象进行平均，拟合出光谱图。在同一波段范围将拟合出的计算光谱与实测光谱进行对比，就能判别出化合物的绝对构型。一般情况下，理论光谱计算给出的是离散的跃迁数据，为获得与实验结果更加吻合的谱图数据，可通过波长校正、频率校正、跃迁展宽等方式进行优化。

5.2　基于量子计算的食药主成分光谱分析与表征

5.2.1　红外光谱解析

红外光谱是分子振动引发的偶极变化，分子选择性吸收特定波长的红外线（近红外区，0.75～2.5 μm；中红外区，2.5～25 μm；远红外区，25～1000 μm）引发能级跃迁。绝大多数有机物和无机物的基频吸收带都出现在中红外区的特征频率区（2.5～7.7 μm）与指纹区（7.7～16.7 μm）。前者具有很强的基团特征性，常用于官能团鉴定。后者峰多且杂，主要针对单键的伸缩振动、含氢基团的弯曲振动、C—C 骨架振动等，常用于区别结构类似化合物。由于其特征性强、操作简单、非破坏式等优点，红外光谱成为有机化合物结构鉴定的重要方法。任何气态、液态、固态物质，均可选择特定的方法进行无机、有机、高分子化合物的红外光谱鉴定。

　　实验室常用的红外光谱测量法为固相粉末压片法，将样品研磨压片后可进行光谱测定，通过查阅标准谱图与标准物质谱图对照达到比较鉴别的目的。而在研究复杂实际样品过程中，往往存在一些极易与其他原子或分子发生化学反应的活性位点，譬如功效主成分。众多活性物质的高纯标准品并不能一一获得，而量子化学计算则能弥补此缺陷，与实验值相辅相成，从分子层面进一步模拟反应途径、揭示反应机理并预测代谢产物。

　　中国自古以来被誉为茶叶的故乡，茶叶可养生、可保健、亦可入药。茶成分复杂，其功效主要取决于其内含的某些生化活性物质，譬如茶多酚（占茶叶干重的 25%～35%）、生物碱（约占茶叶干重的 5%）和游离氨基酸（约占茶叶干重的 2%）等。茶多酚作为典型的强抗氧化剂，具有较强的抗癌、降压、降血脂等功效[12]。于建成等[13]选取茶多酚中含量高、抗氧化性显著且较易提取的表没食子儿茶素没食子酸酯（epigallocatechin gallate，EGCG）作为研究对象，通过购置 EGCG 粉末，测量其实验红外光谱图，并与理论计算红外光谱做对比分析。相比实验测量谱图，理论计算谱图存在轻微红移，但整体吻合较好。实验测量谱图中，1018 cm^{-1} 峰对应理论计算谱图中 1000 cm^{-1} 峰，1463 cm^{-1} 峰对应理论计算谱图中 1452 cm^{-1} 峰，1533.4 cm^{-1} 峰对应理论计算谱图中 1514 cm^{-1} 峰，1643 cm^{-1} 峰对应理论计算谱图中 1621 cm^{-1} 峰，1697.4 cm^{-1} 峰对应理论计算谱图中 1711 cm^{-1} 峰，而 1377～1145 cm^{-1} 宽峰对应理论计算谱图中多个苯环振动峰的耦合。同理，得到 EGCG 的实验和理论紫外光谱，这说明量子化学计算光谱能表征分子本身的振动及激发特性。那么对于没有购买高纯标准品的茶多酚（如没食子儿茶素没食子酸酯），则可以使用理论计算获取相应的红外和紫外光谱数据。进而为具有强抗氧化性的茶多酚活性位点的预测和机理研究提供数据支撑，并为绿茶的提神醒脑、防癌抗癌、解毒排毒、延缓衰老等多种功效研究提供理论依据。

　　尼古丁是烟草中常见的生物碱，能刺激中枢神经产生多巴胺，让吸烟者产生兴奋并生成依赖，若大量吸食则会引发癌症、内分泌系统紊乱、神经系统紊乱等负面健康效应[14]。利用量子计算来分析尼古丁分子的红外光谱、紫外光谱[15]，预测亲核、亲电活性位点，了解尼古丁分子的能级结构特性，可为人们深入探究尼古丁分子的药性机理提供理论依据。

5.2.2　拉曼光谱解析

　　拉曼光谱属于一种散射光谱，入射光与样品分子发生非弹性碰撞，造成散射光频率与入射光频率不同且方向发生改变，对应的谱图称为拉曼光谱。光谱中出现的小尖峰则对应着化合物分子的特定特征，因此常被用来分析分子结构特性。由于拉曼光谱峰强度与分子浓度呈现正相关关系，拉曼光谱不仅可以用于定性判别，也可以用于定性分析。拉曼光谱测试不需要接触药品和修饰样品，尤其适用于玻璃、宝石、毒品、晶相结构等鉴别。

与常规色谱分析相比，拉曼光谱技术作为一种物质结构分析测试手段，可以更好地保证药材的整体性，同时具有快速、有效、无损的优点。近年来，人们利用现代光谱学技术（如红外光谱、拉曼光谱和荧光光谱等）针对中药材开展了诸多相关研究工作。典型的拉曼光谱测试技术包括傅里叶变换拉曼光谱、近红外傅里叶变换拉曼光谱、共焦显微拉曼光谱（confocal microprobe Raman spectroscopy）、SERS 等。近红外傅里叶变换拉曼光谱曾被用来快速无损伤鉴别八角茴香及其伪品红茴香与莽草[16]、植物肉桂和天麻及其易伪混淆品[17]等。相较于普通拉曼光谱，共焦显微拉曼光谱技术具有更高灵敏度和分辨率，在鉴别中药有效成分中呈现出显著的优势。它不仅可以通过对比中药材特征指标定性鉴别其道地性产地，还能识别中药材有效活性单体化合物的分子结构多样性（如人参皂苷 Rg3）[18]，甚至于进行有效组分的定量检测（如连翘的指标成分连翘苷）[19]。

拉曼光谱技术虽然无须单独分离提取样本中的化学成分，但在样本比对过程中需要参考标准谱图库，尤其是中药成分分析过程中，考虑到中药本身成分复杂，很难获取全系列的高纯度活性成分标准品，因此选择合适的方法进行有效生化活性物质的拉曼光谱理论计算就显得十分重要。

新冠疫情暴发以来，民众越来越注重利用中药饮片茶饮、药膳、药酒来调理养生。国家中医药管理局发布了《关于推荐在中西医结合救治新型冠状病毒感染的肺炎中使用"清肺排毒汤"的通知》。清肺排毒汤来源于中医经典方剂组合，包括麻杏石甘汤、射干麻黄汤、小柴胡汤、五苓散。其中，柴胡是常用的解表、疏肝、升阳药，在临床预防、治疗、诊断等方面疗效显著。近代药理研究表明柴胡不同主成分展现出多种生理生物活性，其中柴胡皂苷不仅具备治疗病毒性流感的抗病毒作用，还能显著抗炎、降血脂，更具防治肝硬化的保肝作用及抑制癌细胞活性的抗肿瘤作用[20, 21]。柴胡市场用药需求量大而野生资源量少、人工培育周期长、产量低，临床用药质量参差不齐直接影响着人体健康，是医患和社会共同关注的焦点。

我们选取全国不同产区（陕西、内蒙古、甘肃）不同品种（种植、野生等）分布的柴胡药材作为研究对象，利用显微共聚焦拉曼光谱获取柴胡样品的实验光谱图，辅助量子化学计算光谱，对比有效组分标准品谱图（柴胡皂苷 D），分析其特征官能团及物质结构，结合化学计量学数据分析校正技术，根据现有数据算法库，对不同产区柴胡药材的多维拉曼光谱图进行定性筛选、识别和表征。利用显微共聚焦拉曼光谱仪对柴胡样品进行激光照射测定，依次在 532 nm 和 785 nm 光源下发射激光，通过调节不同样品位置、扫描次数、激光功率、曝光时间、狭缝宽度进行实时预览,分析各实验参数对光谱图采集的影响,选取最优拉曼光谱图。同时采用 Gaussian 09 DFT 量子化学计算的手段,选用 B3LYP/6-31$G(d, p)$基组泛函,对目标化合物进行结构优化,模拟计算柴胡有效成分化合物的拉曼光谱图。通过对比实验和计算拉曼光谱图中相同位移条件下特征结构的谱峰,对目标组分进行特征提取和多谱融合,定性识别多产地柴胡药材的不同质量级别。

柴胡有效成分复杂,其根部主要成分包括柴胡皂苷、挥发油、多糖等,而地上部分主要成分包括黄酮类(山柰酚、槲皮素、异鼠李素等)、木脂素类、香豆素类等。拉曼光谱数据(图 5-1)显示实验与理论计算拉曼光谱之间十分吻合。基于活性组分柴胡皂苷 D 的实验与计算拉曼光谱对比,可在无实际标准样品条件下进一步对柴胡皂苷 A、柴胡皂苷 C 等化合物分子进行理论光谱计算。在本实验中,陕西、内蒙古、甘肃不同产地的种植品种和野生品种拉曼光谱之间具有峰形差异,这可以为不同产地柴胡样品的聚类分析提供数据支撑。

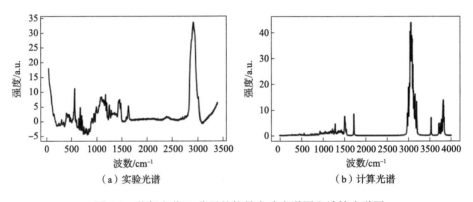

(a)实验光谱　　　　　　　　　(b)计算光谱

图 5-1　柴胡皂苷 D 分子的拉曼实验光谱图和计算光谱图

5.3　基于量子计算的污染物分子光谱分析与表征

5.3.1　圆二色光谱解析

圆二色光谱是一种用于推断非对称分子构型和构象的旋光光谱,是测定蛋白质二级结构最常见的方法之一,也适用于手性污染物的构型表征。化合物分子结构复杂，分子式相同、结构不同的有机污染物被称为结构异构体，通常这类物质分为对映异构体和非对映异构体两大类。手性污染物具有相同原子组成、高度相似理化性质和独特立体结构选择性等特点，但当平面偏振光通过它时，偏振面旋转呈现旋光性，可用作手性分子构型的鉴别和表征。电子圆二色谱（electrostatic circular dichroism，ECD）被广泛用于手性化合物对映体绝对构型的表征，以及解决各种立体化学和分析问题，如绝对构型的手性表征[22]，即通过对比实验与计算图谱来进行类比解析。手性污染物的分子结构中一般带有生色基团，能在紫外光范围内产生电子跃迁进行光谱吸收，生成电子圆二色吸收光谱。

多氯联苯（polychlorinated biphenyls，PCBs）是首批被列入《斯德哥尔摩公约》附件 I 的持久性有机污染物，具有环境稳定、生物富集、长距传播的特性。环境中残留的 PCBs 易在食物链中富集进而影响人类的健康[23]。PCBs 共计 209 种同系物，其中有 78 种因为存在手性轴而具有手性，19 种手性 PCBs 由于空间位阻效应在常温条件下保持手性构型特征的相对稳定。这些手性 PCBs 以外消旋的形式生产、使用、释放到环境中，但手性 PCBs 的对映体在环境中可能展现出不同行为和归趋。手性 PCBs 对映体特征的变化对于环境过程中 PCBs 的分析十分重要[24]。研究表明，几种典型的手性 PCBs（PCB45、PCB95、PCB136 和 PCB149），都能在土壤和沉积物[25]、大气[26]、植物体[27]和动物体内[28]检出。文献表明，不同的手性对映体对应着不同的代谢途径[29]，环境过程中的手性 PCBs 可能存在明显的对映体特征，所以有必要加强对手性 PCBs 的关注。因此，解析手性 PCBs 在色谱分离中的洗脱顺序[30]和绝对构型[31]是进一步探究手性污染物的前提条件。

Guo[32]等使用 Jasco J-1500 型 ECD 光谱仪测定了不同对映体污染物的 ECD 光谱图。然后在不考虑溶剂化效应的基础上，选用 Gaussian 09 DFT 的方法进行分子模拟[33]获得理论计算 ECD 光谱图。首先，利用 Computer VOA 进行最优构象搜索，然后选用非限制性 B3LYP 密度泛函和 6-31+G(d, p)基组进行优化。计算过程中涉及的溶剂模型为连续介质模型（integral equation formalism polarized continuum model，IEFPCM），在 ECD 计算过程中，通过 DFT 计算，确定每个优化构象的前 60 个激发态的旋转强度（R nm）和激发波长（λ nm），得到每一个构象的模拟 ECD 图。最后，通过玻尔兹曼分布数对各个构象的 ECD 图进行叠加，获得不同能量、振动和旋转能的最稳定构象。在已知 PCBs 构象的情况下模拟 ECD 图，将实验所获得的峰 1 和峰 2 ECD 图与理论计算的对映体单体化合物 R/S 构型色谱图对比，可判定手性污染物分子 PCBs 的绝对构型。

手性 PCBs 的一对对映单体，分别对应一对镜像的 ECD 图，它能直接反映不同构型间的相互作用。在本实验中，我们将收集到的手性单体化合物（根据出峰顺序命名为峰 P1 和峰 P2）进行 ECD 图的描绘，同时对已知 R/S 构型的 PCBs 结构分子进行 ECD 模拟，在不考虑溶剂效应的情况下获得光谱图作为实验 ECD 的补充。结果表明，实验 ECD 图和计算模拟的 ECD 图十分吻合（图 5-2）。图 5-2（a）为实验 ECD 图，手性 PCBs 的拆分洗脱出来的 P1 峰和 P2 峰在 220 nm 波长附近均有显著吸收峰，波长测定范围为 195 nm 到 300 nm。根据实测所得波长范围，将计算 ECD 图［图 5-2（b）］波长范围设定为 150 nm 到 300 nm，PCBs 的 R/S 构型在 220 nm 波长附近具有高度相似的吸收峰。通过比较两种类型的谱图，判定 PCB45、PCB95、PCB136 和 PCB149 的绝对构型分别是 R、S，S、R，R、S，S、R。PCBs 的洗脱峰对应的绝对构型如表 5-1 所示。

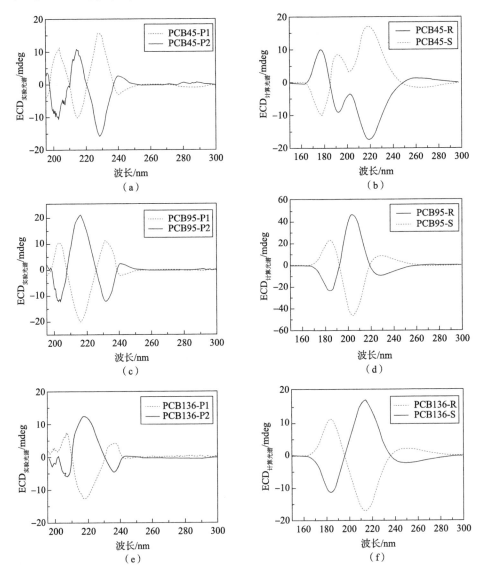

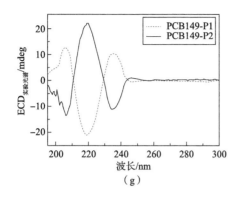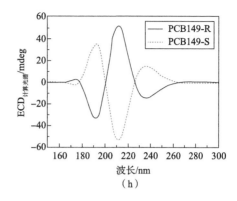

图 5-2　PCB45、PCB95、PCB136 和 PCB149 的实验（a）、（c）、（e）、（g）和计算（b）、（d）、（f）、（h）的 ECD 图

表5-1　四种手性PCBs的洗脱峰单体对应的绝对构型

类别	PCB45	PCB95	PCB136	PCB149
P1 峰	R	S	R	S
P2 峰	S	R	S	R

5.3.2　拉曼光谱解析

目前农药的常规检测主要为气/液相色谱和质谱联用的方法，这类方法虽然准确性和灵敏度高，但前处理复杂且成本高，不适用于现场检测快速筛选。拉曼谱峰呈现的分子结构信息，对农药分子的定性和定量分析具有潜在运用价值。通过测量各种标准农药的拉曼光谱，形成数据库和评判模型，基于数据库识别果蔬的拉曼光谱，从而检测出果蔬表面的农药含量。根据各种农药的特征峰，可以实时快速地区分各种农药及其在果蔬表面上的残留。

辛硫磷为低毒性有机磷杀虫剂，是被广泛用于防治农作物病虫害的农药，但滥用辛硫磷会造成诸多危害，如抑制胆碱酯酶活性，危害人类健康。周云全等[34]对辛硫磷-甲醇溶液、辛硫磷乳油进行拉曼光谱检测，同时利用 Gauss View 模拟了辛硫磷分子构型计算其拉曼光谱，对比理论拉曼光谱与实验拉曼光谱，其中在 667 cm^{-1}、745 cm^{-1}、997 cm^{-1}、1025 cm^{-1}、1298 cm^{-1}、1588 cm^{-1} 处的拉曼光谱峰对应比较一致，通过修正因子对理论值进行修正，获得了较精准的标准品对比图，为促进辛硫磷分子在农药残留检测领域的应用提供理论依据。

氨基甲酸酯类农药（包括西维因、克百威和涕灭威），是农产品尤其是蔬菜表面农药残留的重点检测对象，也是引发急性中毒的主要原因。黄双根等[35]利用 DFT 的 B3LYP/6-31$G(d,p)$方法，对三种农药进行了结构优化和理论光谱的计算，不同于实际样品杂质连峰的影响，计算拉曼光谱在实验拉曼光谱的基础上，具备高精度分子特征单峰，能更全面体现三种氨基甲酸酯类农药分子的构型归属。

参 考 文 献

[1] Schrödinger E. Die gegenwärtige situation in der quantenmechanik. Naturwissenschaften，1935，23：844-849.

[2] Lubkin E，Lubkin T. An inversion of quantum mechanics. Computer Physics Communications，1979，16（2）：207-219.

[3] Walmsley S H. Quantum mechanics in chemistry. Chemistry and Industry，1966，（13）：547.

[4] Schaefer H F. The reachable dream：some steps toward the realization of molecular quantum mechanics by computer. Journal of Molecular Structure：THEOCHEM，1997，398/399：199-209.

[5] Perri M J，Weber S H. Web-based job submission interface for the GAMESS computational chemistry program. Journal of Chemical Education，2014，91（12）：2206-2208.

[6] Bajorath J. Computational chemistry and computer-aided drug discovery：part II. Future Medicinal Chemistry，2016，8（15）：1799-1800.

[7] Hohenberg P，Kohn W. Inhomogeneous electron gas. Physical Review，1964，136，B864-B871.

[8] Chan G K L. General hybrid density functional theory. International Journal of Quantum Chemistry，1998，69，（4）：497-502.

[9] Nakata A，Imamura Y，Otsuka T，et al. Time-dependent density functional theory calculations for core-excited states：assessment of standard exchange-correlation functionals and development of a novel hybrid functional. The Journal of Chemical Physics，2006，124（9）：094105.

[10] Liao M S，Watts J D，Huang M J. Assessment of the performance of density-functional methods for calculations on iron porphyrins and related compounds. Journal of Computational Chemistry，2006，27（13）：1577-1592.

[11] Strickland N，Harvey J N. Spin-forbidden ligand binding to the ferrous-heme group：ab initio and DFT studies. Journal of Physical Chemistry B，2007，111（4）：841-852.

[12] Williamson G，Manach C. Bioavailability and bioefficacy of polyphenols in humans. II. Review of 93 intervention studies. The American Journal of Clinical Nutrition，2005，81：243S-255S.

[13] 于建成，唐延林，常瑞，等. 基于密度泛函的茶多酚分子 EGCG 和 GCG 的光谱计算. 光谱学与光谱分析，2019，39（6）：1846-1851.

[14] Koob G F，Le Moal M. Drug addiction，dysregulation of reward，and allostasis. Neuropsychopharmacology：official publication of the American College of Neuropsychopharmacology，2001，24（2）：97-129.

[15] Sa'adeh H，Backler F，Wang F，et al. Experimental and theoretical soft X-ray study of nicotine

and related compounds. The Journal of Physical Chemistry A，2020，124（20）：4025-4035.

[16] 刘蓬勃，朱世玮，孙素琴. 傅里叶变换拉曼光谱法鉴别八角茴香及其伪品. 时珍国医国药，2001，（10）：903-904.

[17] 孙素琴，刘军，杨严严，等. 药用植物真伪品的 FT-Raman 光谱法鉴别研究. 光散射学报，2002，（3）：158-161.

[18] 曲晓波，赵雨，宋岩，等. 人参皂苷 Rg3 的拉曼光谱研究. 光谱学与光谱分析，2008，（3）：569-571.

[19] 王玮，席欣欣，杨浩，等. 拉曼光谱法测定连翘苷含量的探讨. 第二军医大学学报，2011，32（1）：62-65.

[20] Sun P，Li Y J，Wei S，et al. Pharmacological effects and chemical constituents of *Bupleurum* . Mini-Reviews in Medicinal Chemistry，2019，19（1）：34-55.

[21] Yuan B C，Yang R，Ma Y S，et al. A systematic review of the active saikosaponins and extracts isolated from *Radix* Bupleuri and their applications. Pharmaceutical Biology，2017，55（1）：620-635.

[22] Berova N，Di Bari L，Pescitelli G. Application of electronic circular dichroism in configurational and conformational analysis of organic compounds. Chemical Society Reviews，2007，36（6）：914-931.

[23] Tryphonas H. The impact of PCBs and dioxins on children's health：immunological considerations. Canadian Journal of Public Health，1998，89：S54-S57.

[24] Jamshidi A，Hunter S，Hazrati S，et al. Concentrations and chiral signatures of polychlorinated biphenyls in outdoor and indoor air and soil in a major U.K. conurbation. Environmental Science and Technology，2007，41（7）：2153-2158.

[25] Wong F，Robson M，Diamond M L，et al. Concentrations and chiral signatures of POPs in soils and sediments：a comparative urban versus rural study in Canada and UK. Chemosphere，2009，74（3）：404-411.

[26] Robson M，Harrad S. Chiral PCB signatures in air and soil：implications for atmospheric source apportionment. Environmental Science and Technology，2004，38（6）：1662-1666.

[27] Zhai G S，Hu D F，Lehmler H J，et al. Enantioselective biotransformation of chiral PCBs in whole poplar plants. Environmental Science and Technology，2011，45（6）：2308-2316.

[28] Buckman A H，Wong C S，Chow E A，et al. Biotransformation of polychlorinated biphenyls （PCBs）and bioformation of hydroxylated PCBs in fish. Aquatic Toxicology，2006，78（2）：176-185.

[29] Lewis D L，Garrison A W，Wommack K E，et al. Influence of environmental changes on degradation of chiral pollutants in soils. Nature，1999，401（6756）：898-901.

[30] Kania-Korwel I，Lehmler H J. Assigning atropisomer elution orders using atropisomerically enriched polychlorinated biphenyl fractions generated by microsomal metabolism. Journal of Chromatography A，2013，1278：133-144.

[31] Pham-Tuan H，Larsson C，Hoffmann F，et al. Enantioselective semipreparative HPLC separation of PCB metabolites and their absolute structure elucidation using electronic and vibrational

circular dichroism. Chirality，2005，17（5）：266-280.

[32] Guo F J, Tang Q Z, Xie J Q, et al. Enantioseparation and identification for the rationalization of the environmental impact of 4 polychlorinated biphenyls. Chirality，2018，30（4）：475-483.

[33] Lee C T, Yang W T, Parr R G. Development of the *Colle*-Salvetti correlation-energy formula into a functional of the electron-density. Physical Review B，Condensed Matter，1988，37（2）：785-789.

[34] 周云全，刘春宇，曲冠男，等. 农药辛硫磷的密度泛函理论计算及拉曼光谱分析[J]. 原子与分子物理学报，2020，37（3）：331-336.

[35] 黄双根，胡建平，刘木华，等. 氨基甲酸酯类农药的密度泛函理论计算及拉曼光谱研究. 光谱学与光谱分析，2017，37（3）：766-771.

第6章 快检大数据智能融合技术

随着现代仪器分析技术和计算机信息处理技术的进步与发展，建立中药现代质量评价体系已成为中药现代化发展的重要环节。当前食药质量安全管理所涉及的数据越来越广泛，传统的计量、标准、检验、认证和特种设备检测等数据，以及物联网、云计算等所产生的各类实时数据越来越多，这些数据在信息来源、信息类型、描述结构、文本特征、表达方式等方面千差万别，既包括谱图信息、仿真传感器等结构化数据，又包括文本、图像、视频等非结构化信息，呈现出体量巨大、类型繁多、时效性高以及价值高、密度低等典型的大数据特性，这给传统的线性、静态、单向的分析方法带来了巨大的挑战。

实现对食药大数据的多模态数据的智能融合分析仍然任重道远，在此过程中，首先应实现的是针对检测数据的特征提取和融合分析，本书在前面的章节中，从诸如电子舌与电子鼻检测的感官质量、基于离子迁移谱和拉曼光谱的理化质量与基于质谱的生化质量三个方面，对食药质量安全快检技术进行了详细的论述。本章以中药材道地性鉴别为例，进一步讨论数据融合在食药品质鉴定中的应用。

目前，对中药材质量评价的图谱常用检测手段有紫外光谱、红外光谱、色谱、质谱等仪器检测法。这些标准方法在中药材质量评价方面起着重要的作用，而且，对于中药材这种复杂的混合物体系，单张谱图难以全面地反映出产品的化学组成特征。因此，需要将反映产品不同化学信息的各种谱图信息融合在一起，如将光谱特有的结构鉴定能力与色谱或离子迁移谱的良好分离能力相结合，尽可能多地分析中药材的化学组分尤其是未知物质的化学组分，定性分析中药材所包含的物质信息，阐明与质量相关的直接有效组分，综合表征产品的化学组成特性，使得各种信息进行有效的互补，增强数据的可信任度，提高预测精度、可靠性和鲁棒性，这对复杂混合物整体信息判定具有重要的研究意义。

基于此，本章以黄芪道地性鉴别为例，对黄芪样品预处理后，采集拉曼光谱、离子迁移谱和紫外荧光光谱数据，并对采集数据进行特征提取和融合建模，综合各种采集方式获得的组分信息，实验表明，相对于单一检测手段，谱图融合技术可以显著提高识别准确率。

6.1　道地药材谱图数据采集与预处理

6.1.1　数据采集和数据预处理

1. 多谱数据采集

拉曼光谱使用美国恩威公司的 Prott-ezRaman-D3 型号激光拉曼光谱仪采集获得。紫外光谱使用北京普析通用仪器有限责任公司的 T6 新世纪型号紫外光谱仪采集获得。离子迁移谱使用自制离子迁移谱仪采集获得。

将黄芪样品置于中药材粉碎机中 25 000 r/min 粉碎至粉末，而后取 3 g 黄芪粉末样品，置于 30 mL 乙醇溶液中，混合均匀后，100 ℃搅拌条件下，冷凝水回流 2 h，而后自然冷却，过滤收集滤液，据此样品进行谱图信号采集。

2. 数据预处理

1）谱图去噪

在输入数据的采集中，由于采集仪器的误差和外界环境的影响，数据会产生波动性，这样就形成了噪声。一方面，数据混入了噪声，可能会影响分类识别的效率，容易出现误分类的情况；另一方面，如果训练样本的噪声过强，其分类模型的构建会受到影响。谱线平滑经常用于减少由仪器使用不当或随机改变强度值在谱图数据中引入的电子噪声和随机噪声。其基本思想是采用低通滤波器减少噪声强度，去除原始谱图中大量的棘波，从而增强信噪比。其中小波分析（wavelets analysis）是谱线平滑中常用的方法，因此，本节应用小波阈值进行去噪处理。该方法是由 Mallat 教授于 1989 年提出的，这是一种统计优化特性良好的去噪方法[1]。其主要思想是：经小波变换后真实信号和噪声的统计特性不同，真实信号本身的小波系数具有较大幅值，主要集中在高频段，噪声的小波系数幅值较小，并且存在于小波变换后的所有系数中。因此设置一个阈值门限，对占主要成分的大于该阈值的小波系数的有用信号进行收缩、保留，小于该阈值的小波系数中的噪声为主要成分，应该剔除，于是实现了去噪。

信号的去噪过程一般分为三个步骤。

（1）信号的小波分解。选择一个小波并确定一个小波分解的层次 N，然后对信号 s 进行 N 层小波分解。

（2）对分解得到的小波系数进行阈值处理，常用阈值的处理方法有硬阈值和软阈值。硬阈值是指当小波系数的绝对值大于阈值时，小波系数绝对值保持不变；反之则为零，其表达式为

$$s = \begin{cases} x, & |x| > T \\ 0, & |x| \leqslant T \end{cases}$$

软阈值是指当小波系数的绝对值大于阈值时，小波系数绝对值变为两者的差值；反之则为零，其表达式为

$$s = \begin{cases} \text{sign}(x)(|x| - T), & |x| > T \\ 0, & |x| \leqslant T \end{cases}$$

软阈值可以有效地避免间断，使重构的信号比较光滑。本节采用软阈值方法。

（3）进行小波逆变换。将经阈值处理过的小波系数进行重构，得到去噪后的信号。分解后的信号如果不做阈值处理，则重构后的信号仍为原信号。用阈值函数进行处理并重构后，将得到去噪后的信号，这个信号经过小波处理后，去除了噪声，逼近于原始信号。

信号去噪及快速计算等大多数小波应用主要利用小波基能有效逼近实际函数的能力。目前小波函数有很多，不同的小波各有优点。其中 Symlets 小波在保持 Daubechies 良好特性的前提下，具有较好的对称性，因此本节采用 Symlets 小波基函数进行实验，由于小波对微小波动的修正效果更好，实际应用中，紫外光谱去噪前后差别不明显，拉曼去噪前后差别居中，离子迁移谱去噪前后差别最明显，谱图变得更加光滑了。

2）数据归一化

三种谱图在不同波数上的信号强度差别非常大，因此，为实现统一量纲和数据融合的目的，必须进行样本数据归一化处理。对采集到的黄芪谱图数据进行归一化处理，本节采用的是 Matlab 自带的 mapminmax 归一化函数。其基本原理如下：假定 $\min_A$ 和 $\max_A$ 分别为观测信号的最小值和最大值，则最小最大标准化通过计算下面的表达式将 x 的值映射到区间 $[\text{new\_min}_A, \text{new\_max}_A]$ 中的 x'：

$$x' = \frac{x - \min_A}{\max_A - \min_A}(\text{new\_max}_A - \text{new\_min}_A) + \text{new\_min}_A$$

在本节中，由于拟将数据归一化到[−1，1]区间内，则 $\text{new\_max}_A = 1$，$\text{new\_min}_A = -1$，于是函数的归一化映射可以简化为

$$x' = 2 \times \frac{x - \min_A}{\max_A - \min_A} + (-1)$$

经过谱图预处理后的数据，排除了实验条件的干扰和数据量纲的影响，后面的数据特征提取和数据融合都是基于数据预处理后的结果。

　　图6-1~图6-6给出了三种谱图所有样本归一化前后的对比图,其中,三个坐标轴分别代表着波数、样本类别(其中第1类代表甘肃黄芪,第2类代表内蒙古黄芪,第3类代表山西黄芪,第4类代表四川黄芪)和样本谱图信号强度。图6-1和图6-2分别为拉曼光谱归一化前后的谱图对比效果图,图6-3和图6-4分别为紫外光谱归一化前后的谱图对比效果图,图6-5和图6-6分别为离子迁移谱归一化前后的谱图对比效果图。从图中可以直观看出,四种产地黄芪的拉曼光谱差异最小,离子迁移谱和紫外光谱的差距较大,且离子迁移谱的波动较其他谱图较大,这一点在去噪过程也有所体现。

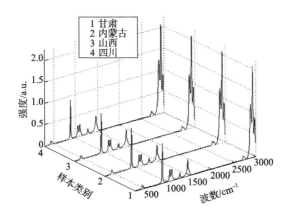

图 6-1　拉曼光谱原谱

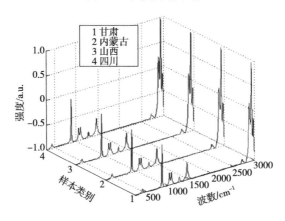

图 6-2　拉曼光谱归一化谱

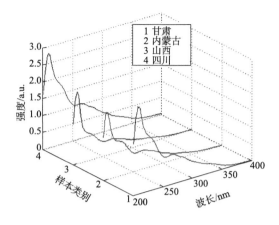

图 6-3　紫外光谱原谱

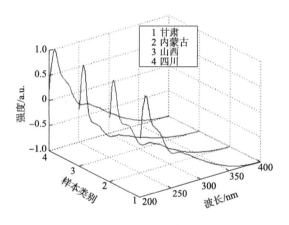

图 6-4　紫外光谱归一化谱

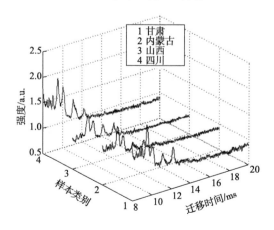

图 6-5　离子迁移谱原谱

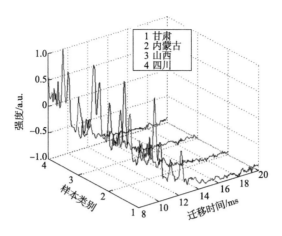

图 6-6 离子迁移谱归一化谱

3）9-交叉验证

本节的交叉验证是结合了传统 K 折交叉验证（K-fold cross validation，K-CV）和留一法（leave-one-out）的特点而专门设计的方法，这样的设计目的，一是在不重复的情况下提高样本的利用效率；二是提高实验的稳定性，使得每次方法都能在同样的交叉验证基础上进行，以提高方法之间的可对比性。具体的方法设计如下：针对不同产地黄芪都是 10 个不同批次样本的特点，将每一类样本编号定为 1～10，而后将每一类编号中为 1～3 的样本设为一组，记作 A，将每一类编号中 4～6 的样本设为一组记作 B，将每一类编号中 7～10 的样本设为一组，记作 C，那么四类不同产地黄芪样本都被分成 A、B、C 三组，根据数学组合的原理，每次实验我们分别选择 AAAA、BBBB、CCCC、ABAB、ACAC、BCBC、BABA、CACA、CBCB 作为测试集，其他的样本作为训练集，那么 9 次实验一共 12 + 12 + 16 + 12 + 14 + 14 + 12 + 14 + 14 = 120 个测试样本。将 1/3 的样本留作测试，2/3 的样本用作建模，本节所有的实验都是基于 9-交叉验证下进行的。

6.1.2 道地药材谱图数据的特征提取

特征提取又称为特征变换，它是通过对原始特征空间进行变换从而产生新的特征子集空间。根据特征提取方法的不同目的，特征提取有多种分类方法；按照监督程度分析，可分为无监督、半监督和监督降维算法；按照是否线性变换，可以分为线性降维方法和非线性降维方法，线性特征提取主要有 PCA 法[2]、LDA 法等，非线性降维算法主要考虑了核函数的使用。本节分别选取线性降维方法——PCA 法和非线性降维方法——核主成分分析（kernel principal component analysis，

KPCA ）[3, 4]进行介绍，并就两种降维方法对不同产地黄芪数据处理的效果进行分析讨论。

1. PCA 法在黄芪谱图数据特征提取中的应用

PCA 法是一种无监督的特征提取（降维）方法。目的是寻找在最小均方意义下最能代表原始数据的投影方法，使得低维子空间能更好地描述原始高维数据。PCA 运算就是确定一个坐标系统的直交变换，在这个新的坐标系统下，变换数据点的方差沿着新的坐标轴得到了最大化。这些坐标轴经常被称为主成分。这种变换在很少损失数据集信息的情况下降低了数据集的维度。

PCA 法流程如下。

（1）计算数据矩阵 X 的协方差矩阵 S。

（2）计算协方差矩阵 S 的特征值 $\lambda_1, \lambda_2, \cdots, \lambda_m$（特征值按大到小排序）及对应的特征向量 $\vec{e}_1, \vec{e}_2, \cdots, \vec{e}_m$。

（3）特征值 λ_i 的贡献率定义为 $\dfrac{\lambda_i}{\sum\limits_{k=1}^{m} \lambda_k} \times 100\%$，前 q 个特征值的累计贡献率定

义为 $\dfrac{\sum\limits_{i=1}^{q} \lambda_i}{\sum\limits_{k=1}^{m} \lambda_k} \times 100\%$，选择累计贡献率达到一定阈值（如 $80\% \sim 90\%$）的前 q 个特

征值对应的特征向量张成投影矩阵 $W_{\mathrm{PCA}} = [\vec{e}_1^{\mathrm{T}}, \vec{e}_2^{\mathrm{T}}, \cdots, \vec{e}_q^{\mathrm{T}}]$。

（4）将数据投影到特征向量张成的空间中：$Y = X \cdot W_{\mathrm{PCA}}$。

PCA 降维是线性降维方法，是对原空间进行的直接映射，图 6-7 给出了不同产地黄芪所有样本在前三个主成分所构成的三维空间中的分布图。坐标轴分别代表着主成分 1、主成分 2 和主成分 3，括号里面的数值代表各自主成分的贡献率。其中，图 6-7 是四种产地黄芪拉曼光谱 PCA 降维后的效果图，从直观上说，四类样本数据都有重叠，除了山西黄芪外，其他三类样本数据交叉较多，这为判别带来了难度；结合图 6-1 和图 6-2 进行分析，可以推断，四类黄芪的拉曼光谱之间差异较小，因此一些峰强特征可能不具备区分不同样本的条件。图 6-8 是四种产地黄芪紫外光谱 PCA 降维图，从图中得知，山西黄芪和内蒙古黄芪样本数据之间的交叉较多，其他两类分得较开；这与图 6-3 和图 6-4 紫外光谱图之间的差异也对应起来。图 6-9 是四种产地黄芪离子迁移谱 PCA 降维图，从图中得知，除了少许山西黄芪和内蒙古黄芪数据有重叠之外，其他样本之间在三维空间中还是得到了良好的分类。当然，三维空间的样本分布并不能完全反映原高维样本空间分布的情况，因此，需要加上分类器，在 9-交叉验证的基

础上，去检测不同产地样本的分类效果。例如，本节所选择的分类器是稀疏表示分类器（sparse representation classifier，SRC），表 6-1 给出了在 PCA+SRC 模型下，四种产地样本在不同谱图采集数据下的识别率，其中主成分选择的原则是选取累计贡献率大于 98%的所有主成分，因为这代表了原数据的大部分信息；运行时间指 elapsed time，从运行时间来看，拉曼光谱和离子迁移谱差不多，紫外光谱运行时间短也是由于选取的主成分个数少的原因。从表 6-1 可以看出，离子迁移谱的识别率最高，达到 59.99%，紫外光谱次之，为 48.15%，拉曼光谱最低，只有 28.57%。最高的识别率不过 60%左右，这远远达不到不同样本分类的目的。因此，PCA+SRC 模型对于分类不同产地黄芪样本效果不佳，选择更好的特征提取方法成为提高识别率的一个途径。

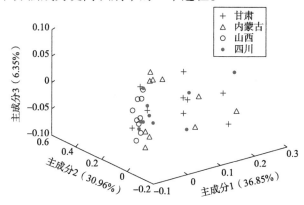

图 6-7 四种产地黄芪拉曼光谱 PCA 降维图

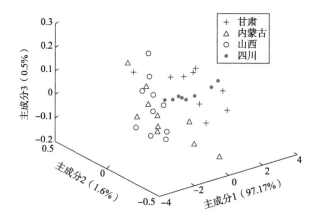

图 6-8 四种产地黄芪紫外光谱 PCA 降维图

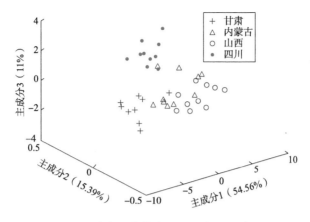

图 6-9 四种产地黄芪离子迁移谱 PCA 降维图

表6-1 三种谱图不同产地黄芪在PCA+SRC模型下的识别率

方法	主成分个数（累计贡献率>98%）	运行时间/s	识别率
拉曼光谱	23	0.035	28.57%
紫外光谱	3	0.007	48.15%
离子迁移谱	20	0.042	59.99%

2. KPCA 在特征提取中的应用

1）KPCA、PCA 概述

KPCA 是 PCA 在非线性领域的推广。传统的 PCA 只考虑了数据的二阶统计特性（协方差矩阵），并未考虑到数据的高阶统计特征，所以变换后依然会存在数据间的高阶冗余信息。核函数技术是通过非线性核函数把输入空间映射到高维空间，以期望把低维空间的非线性运算转换成高维空间的线性运算。因此，KPCA 的思想是：首先通过非线性映射将线性不可分的原始样本输入空间变换到一个线性可分的高维特征空间，然后在新的空间里进行 PCA，为避免"维数灾难"问题，引用核函数技术，即使用满足 Mercer 条件的核函数来替换特征空间中样本的内积运算。

从本质上说，核函数技术构建了数据空间、特征空间和类别空间之间的非线性变换的桥梁，设 x_i 和 x_j 为数据空间的样本点，数据空间到特征空间的映射函数为 Φ，核函数的基础是实现向量的内积变换：

$$(x_i, x_j) \rightarrow K(x_i, x_j) = \Phi(x_i) \cdot \Phi(x_j)$$

通常，非线性变换函数 $\Phi(\cdot)$ 相当复杂，而实际运算过程中用到的核函数 $K(\cdot, \cdot)$ 则相对简单得多，这正是核函数技术的巨大优势。

常用的核函数如下。

（1）线性核函数：

$$K(x, x_i) = x \cdot x_i$$

（2）多项式核函数：

$$K(x, x_i) = (x \cdot x_i + 1)^d$$

其中，d 表示正整数。该函数满足 Mercer 条件。

（3）高斯核函数：

$$K(x, x_i) = \exp\left[-\frac{\|x - x_i\|^2}{2\sigma^2} \right]$$

其中，σ 表示控制核函数高宽的参数。

2）核函数选择和参数优化

KPCA 降维的核心是核函数的选择和参数优化，图 6-10～图 6-18 分别给出了拉曼光谱、紫外光谱和离子迁移谱在选择不同核函数的基础上，在 9-交叉验证和 SRC 下，给出的最优核函数和参数，图中分别给出全局参数优化，最佳识别率左右的局部参数寻优，图中横轴代表着核参数 d（对应多项式核函数）和 gamma（对应高斯核函数）取值范围，纵轴对应着识别率大小；同时给出对应最佳核函数和参数下的 KPCA 降维图（其中坐标轴对应着核主成分 1、核主成分 2、核主成分 3）。从图 6-10～图 6-12 可以看出，拉曼光谱在参数寻优下的识别率整体不高，图 6-10 得到的识别率最高点参数在 0～5 范围，因此，进行图 6-11 中的 0～5 范围的局部寻优，可以得到在核函数选择多项式核函数（ploynomial）下，参数 $d=1.1$ 时，得到最高的识别率为 70.44%。图 6-12 是此核函数和参数的条件下，选取前三个核主成分构成的样本空间分布图，直观上，不同类别样本交叉依然过多。

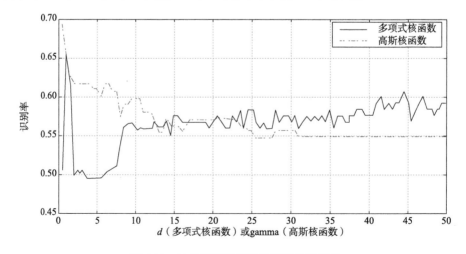

图 6-10　拉曼光谱核函数选择和参数优化

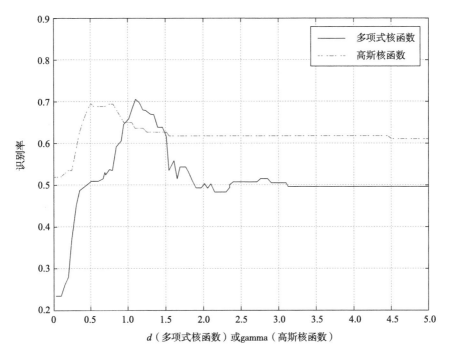

图 6-11　拉曼光谱核函数选择和参数优化（最优局部优化）

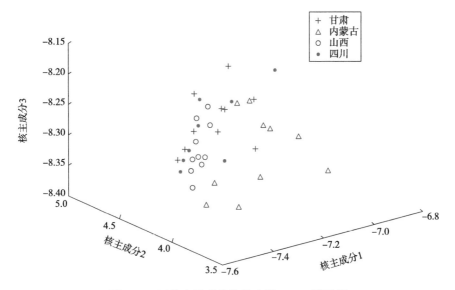

图 6-12　四种产地黄芪拉曼光谱 KPCA 降维图

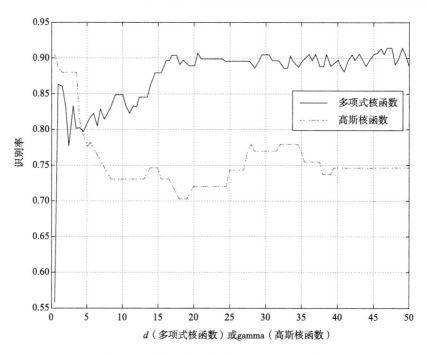

图 6-13 紫外光谱核函数选择和参数优化

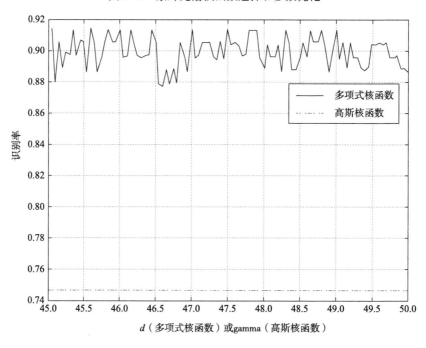

图 6-14 紫外光谱核函数选择和参数优化（最优局部优化）

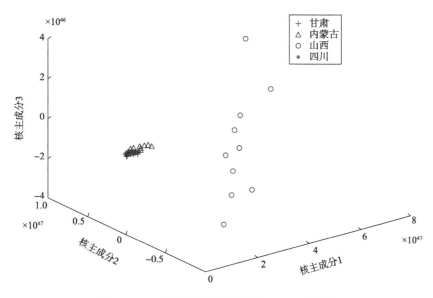

图 6-15　四种产地黄芪紫外光谱 KPCA 降维图

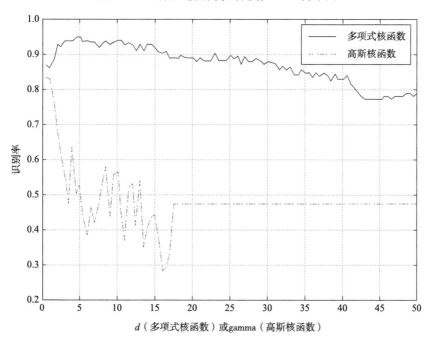

图 6-16　离子迁移谱核函数选择和参数优化

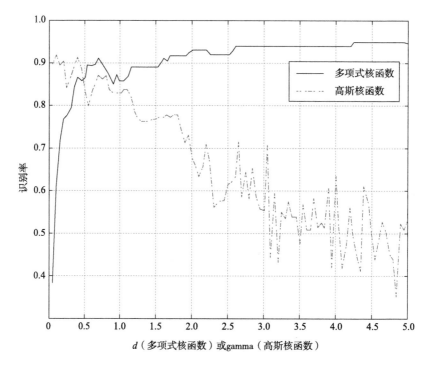

图 6-17　离子迁移谱核函数选择和参数优化（最优局部优化）

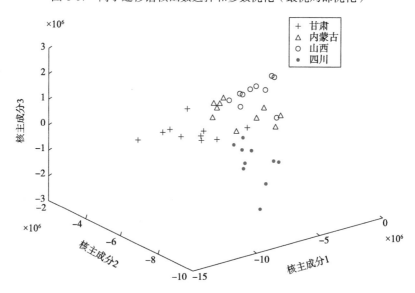

图 6-18　四种产地黄芪离子迁移谱 KPCA 降维图

从图 6-13～图 6-15 给出的紫外光谱的核函数寻优结果来看，由图 6-13 可知识别率最高点参数在 45～50 范围取到，因此，对图 6-14 的 45～50 范围进行局部寻优，可以得到在核函数选择多项式核函数下，参数 $d=45.6$ 时，得到最高的识别率为 92.20%。图 6-15 是在此核函数和参数条件下，选取前三个核主成分构成的样本空间分布图，由于选择的参数 d 较大，坐标轴被拉长很多，样本的分布较在图 6-8 线性变换条件下变化较大，根据 SRC 的运算结果，此空间中样本可以被更好区分。

图 6-16～图 6-18 给出了离子迁移谱的核函数选择和参数寻优结果，由图 6-16 可知最高点参数在 0～5 范围取到，因此，对图 6-17 的 0～5 范围进行局部寻优，可以得到在核函数选择多项式核函数下，参数 $d=4.25～5$ 时，得到最高的识别率为 94.51%。图 6-18 是在此核函数和参数条件下，选取前三个核主成分构成的样本空间分布图，由图可知，样本被良好地区分开，这也和图 6-9 保持一致，说明离子迁移谱对于不同产地黄芪样本的区分效果最好。

从 PCA 和 KPCA 对于谱图特征提取与结合 SRC 的识别率可以看出，核函数的使用大大提高了分类的效果，并且从直观降维图上给出了一定的解释。核函数的使用也保持了一致性，其中高斯核函数在参数 gamma 取值很小的时候，识别率总是好于多项式核函数；当参数逐渐取大的时候，多项式核函数的识别率提高很快，并且远远好于高斯核函数。因此，在选择高斯核函数时，可以考虑 gamma 取较小的值，而选择多项式核函数时，d 可以考虑取相对较大的值。

表 6-2 给出了三种谱图在 KPCA+SRC 模型下，在 9-交叉验证条件下的平均识别率的情况，核函数的选择都保持了一致性，都是在核函数选择多项式核函数时达到最优，运行时间都相差无几，其中离子迁移谱的识别率都远远高于其他两个谱图，这和 PCA+SRC 模型下，识别率的整体情况保持了一致性，从降维效果图也可以看出，紫外光谱和离子迁移谱的区分效果更好一些。

表6-2　三种谱图不同产地黄芪在KPCA+SRC模型下的识别率

方法	核函数选择和参数优化	运行时间/s	识别率
拉曼光谱	ploynomial，$d=1.1$	0.032	70.44%
紫外光谱	ploynomial，$d=45.6$	0.041	92.20%
离子迁移谱	ploynomial，$d=4.25～5$	0.036	94.51%

6.2　道地药材多谱融合识别技术

6.2.1　中药材多谱图数据融合概述

拉曼光谱、离子迁移谱和紫外光谱等各种谱图采集设备的原理不同，对不同产地黄芪数据的分析各有特点，因此着手将不同谱图数据融合在一起对黄芪数据进行产地鉴别分析是目前谱图分析的研究热点。本节研究的目的就是将三种谱图数据合理有效地融合在一起，在 KPCA+SRC 模型下，根据核参数选取和参数寻优给出具体的识别率。比较分析不同谱图数据组合和单谱数据识别效果，并给出一定的合理解析。根据文献综述可知，目前数据的融合包括三个层级：低层级（low-level）、中层级（mid-level）和高层级（high-level）。本节研究主要从低层级和中层级数据融合技术两个层级对三种谱图数据的融合而展开。另外，谱图数据融合不一定能够产生增强识别的效果，因此本节对三种谱图进行组合，共四种方式——拉曼光谱+紫外光谱，拉曼光谱+离子迁移谱，紫外光谱+离子迁移谱，拉曼光谱+紫外光谱+离子迁移谱，试图找到最优的谱图组合，给出鉴别不同产地黄芪最优的数据融合技术方案。

6.2.2　数据融合的分类

1. 低层级数据融合

低层级数据融合是从数据的数据维出发简单将预处理后的数据拼接在一起构成的综合的谱图数据。本节的低层级的谱图数据融合示意图如图 6-19 所示，首先各个谱图的数据 a_{ij}（$i=1,\cdots,n$，$j=1,\cdots,u$）、b_{ij}（$i=1,\cdots,n$，$j=1,\cdots,v$）、c_{ij}（$i=1,\cdots,n$，$j=1,\cdots,w$）单独进行预处理，去量纲后直接拼接在一起构成融合数据集 x_{ij}（$i=1,\cdots,n$，$j=1,\cdots,u+v+w$）然后进行 KPCA，选择适当的核函数和核参数，最后提取核主成分作为新的变量输入空间；在 SRC 下，根据识别率的高低，比较分析不同谱图数据融合的效果。其中提取核主成分的个数一般是依照核主成分的累计贡献率而计算得到的，本节中选取累计贡献率大于98%的所有核主成分作为新的变量输入空间。

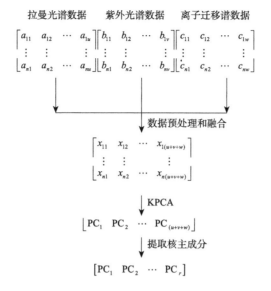

图 6-19　低层级数据融合示意图

n 代表所有黄芪样本数目，u、v 和 w 分别代表黄芪拉曼光谱数据、紫外光谱数据和离子迁移谱数据的特征维度，r 代表三种谱图融合提取的核主成分个数

2. 中层级数据融合

中层级数据融合是从数据的特征维出发，先单谱对各谱图进行特征提取的操作，而后选择不同谱图之间特征的组合，从而构成大的融合数据。本节的中层级的谱图数据融合示意图如图 6-20 所示，首先各个谱图的数据 a_{ij}（$i=1,\cdots,n$，$j=1,\cdots,u$）、b_{ij}（$i=1,\cdots,n$，$j=1,\cdots,v$）、c_{ij}（$i=1,\cdots,n$，$j=1,\cdots,w$）单独进行预处理和 KPCA 特征选取，在所选的核主成分下进行多谱图的特征融合，最后提取核主成分作为新的变量输入空间。这里选择不同谱图核主成分之间的组合，因此涉及核主成分组合问题；本节采用控制变量法，即控制其中一个谱图的核主成分（累计贡献率为98%的所有核主成分）个数不变，然后优化另外的谱图核主成分个数，根据识别率的大小，确定另外的谱图核主成分最佳个数；在其他谱图核主成分都确定的基础上，再确定这个谱图的最佳核主成分个数，最终得到最佳的核主成分组合。然后，在 SRC 下，进行核函数的选择和参数优化，比较不同谱图的组合效果。

本节将分别从这两种不同级别的数据融合方法出发，对四种不同谱图组合方式进行阐述，试图给出谱图方法之间的最佳检测效率组合。由于谱图特点各异，希望通过不同的谱图特征之间的互补，为提高不同产地黄芪的鉴别效果而给出最优的谱图融合数据。

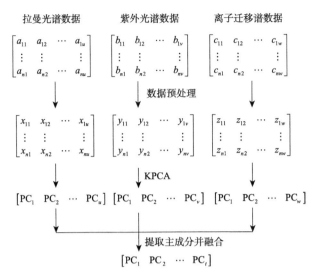

图 6-20　中层级数据融合示意图

n 代表所有黄芪样本数目，u、v 和 w 分别代表黄芪拉曼光谱数据、紫外光谱数据和离子迁移谱数据的特征维度，t 代表单类谱图核主成分经过选择后，进行组合得到的核主成分数目

6.2.3　多谱图数据融合的分析

1. 拉曼光谱结合紫外光谱的数据融合

从相关实验结果得到，拉曼光谱的谱图差异性最小，不同产地黄芪的分类效果最差，即使在 KPCA 核参数变换下，在 SRC 基础上，得到的最高识别率仅为 70.44%；而紫外光谱的识别率次之，在选择合适的核函数基础上，可以达到 92.20%。本节将两种不同特点的谱图数据按照两种级别的数据融合方法将数据融合在一起，在 KPCA+SRC 模型基础上，给出了图 6-21～图 6-25 及表 6-3 的实验结果。其中图 6-21～图 6-23 是低层级数据融合方法（记为融合 1）的结果展示，其中图 6-21 是两种核参数全局寻优结果，图 6-22 是在图 6-21 的基础上对最好的参数区间进行的局部参数寻优过程。图 6-23 是在核参数选择多项式核函数的基础上当 $d=1.4$ 时的降维图。图 6-24 和图 6-25 是中层级数据融合方法（记为融合 2）的结果展示，其中图 6-24 是两种核参数全局寻优结果，图 6-25 是核参数局部寻优结果。需要着重说明的是，融合 2 是两种谱图数据单独做 KPCA 后，再提取核主成分组合一起构成新的融合数据使用，因此，这里涉及特征组合的选择问题，本节融合 2 全部采取控制变量法，即控制拉曼光谱的核主成分个数不变，调整紫外光谱的核主成分个数，得出另外一个主成分的最优个数；然后控制紫外光谱的

核主成分个数不变，调整拉曼光谱的核主成分个数，再得到拉曼光谱的最优主成分个数，为降低算法复杂度，本节选取累计贡献率>98%的全部核主成分即可。实验表明，拉曼光谱和紫外光谱融合 2 选择的核主成分是：拉曼光谱第 1 个核主成分，紫外光谱第 1～12 个核主成分。表 6-3 给出了不同数据融合方法在 KPCA+SRC 模型下的识别率。

从图 6-21、图 6-10 及图 6-13 对比分析可知，在 d 和 gamma 取 0～50 区间，无论是多项式核函数或者是高斯核函数，识别率整体比单独的拉曼光谱或者紫外光谱要高，特别是多项式核函数，整体识别率在 90%以上，较为稳定，并且在区间 0～5 进行局部寻优同时 d=1.4～1.45 时，最高识别率达到 96.43%，好于拉曼光谱的 70.44%和紫外光谱的 92.20%。相比较而言，图 6-24 融合 2 的识别率整体低于融合 1，虽然在区间 0～5 进行局部寻优得到的最高识别率可以达到 96.43%，但是其他区间的识别率较低，即使对比图 6-13 紫外光谱的结果也不占优势，而且融合 2 需要寻找核主成分的最佳组合，这本身也加大了算法的复杂度。因此，拉曼光谱与紫外光谱的数据融合选择融合 1 更为适宜。

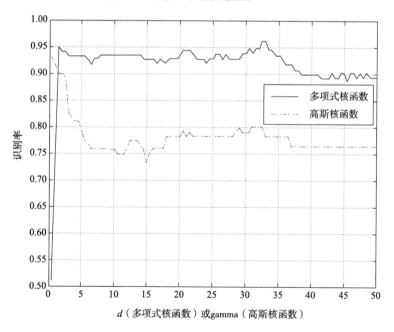

图 6-21　拉曼光谱结合紫外光谱的低层级数据融合核参数寻优

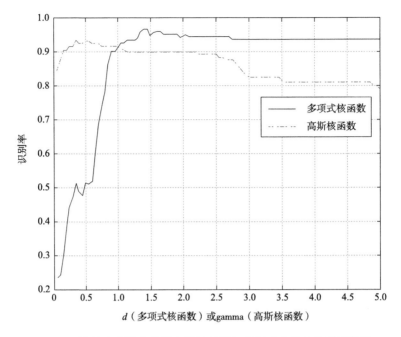

图 6-22　拉曼光谱结合紫外光谱的低层级数据融合核参数局部寻优

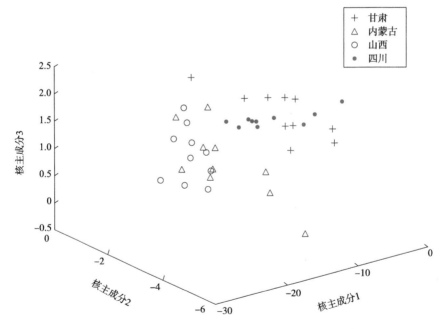

图 6-23　拉曼光谱结合紫外光谱的低层级数据融合数据降维图

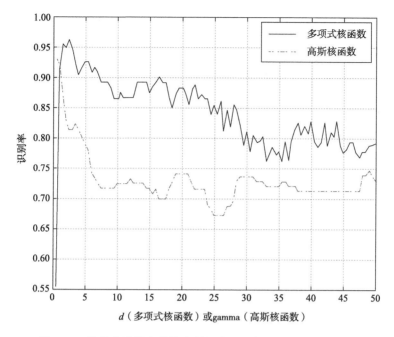

图 6-24　拉曼光谱结合紫外光谱的中层级数据融合核参数寻优

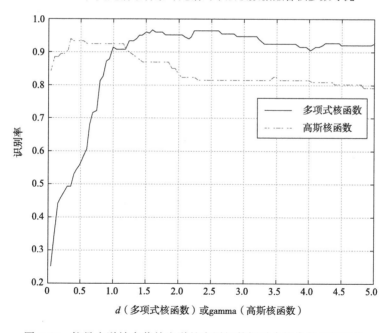

图 6-25　拉曼光谱结合紫外光谱的中层级数据融合核参数局部寻优

2. 拉曼光谱结合离子迁移谱的数据融合

拉曼光谱和离子迁移谱的数据融合是三种谱图单独识别率最差的（拉曼光谱为 70.44%）和最好的（离子迁移谱为 94.51%）的数据融合；从图 6-26 和图 6-10 及图 6-16 对比分析可知，在 d 和 gamma 选取 0～50 区间时，图 6-26 和图 6-16 参数寻优走势相似，可以看出，拉曼光谱和离子迁移谱数据融合的重心还是取决于离子迁移谱。不过对于多项式核函数而言，融合数据的识别率整体还是高于单独的离子迁移谱；特别是对于区间 25～50 尤为明显，这可能是由于拉曼光谱在 25～50 区间起到了一定的互补作用。图 6-27 对 0～5 区间的局部寻优结果表明，融合 1 达到的最高识别率为 96.79%，此时核参数选取为：ploynomial，d=0.8。图 6-28 给出了此参数条件下，选取前三个核主成分构成的数据空间分布图。图 6-29 给出了融合 2 的参数寻优结果，与前述结果类似的是，融合 2 的识别率整体差于融合 1 的识别率，但在图 6-30 中，当拉曼光谱在局部 7～12 区间达到了良好的识别效果，并且融合 2 取第 1 个核主成分，离子取第 1 到第 12 个主成分，核函数选择 ploynomial，d=8.4 时，融合 2 最高识别率达到 97.49%。综合来看，融合 2 随着参数的增大，识别率下降速度过快，不够稳定；虽然在运用控制变量法的基础上，但寻优过程复杂，算法稳定度较低。因此，融合 1 更为理想。

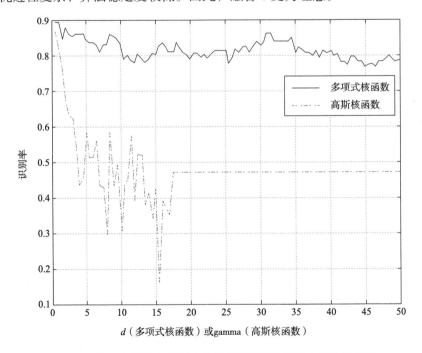

图 6-26 拉曼光谱结合离子迁移谱的低层级数据融合核参数寻优

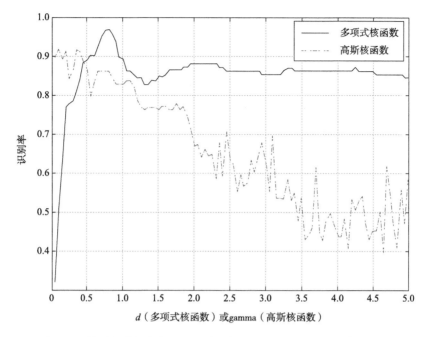

图 6-27　拉曼光谱结合离子迁移谱的低层级数据融合局部核参数寻优

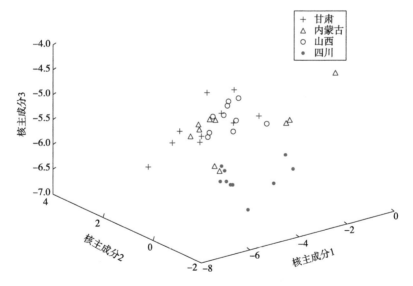

图 6-28　拉曼光谱结合离子迁移谱的低层级数据融合数据降维图

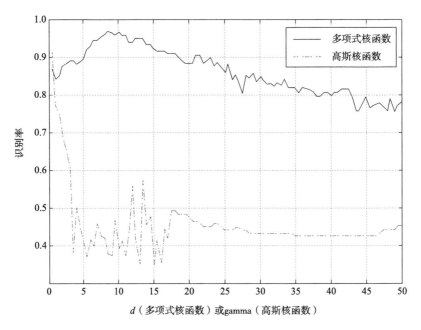

图 6-29　拉曼光谱结合离子迁移谱的中层级数据融合核参数寻优

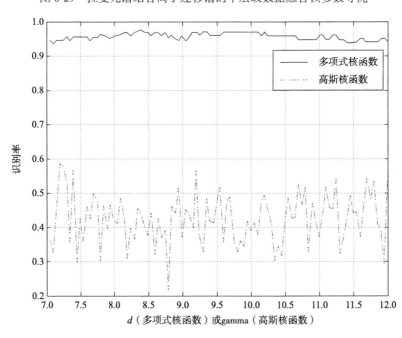

图 6-30　拉曼光谱结合离子迁移谱的中层级数据融合局部核参数寻优

3. 紫外光谱结合离子迁移谱的数据融合

紫外光谱与离子迁移谱的数据融合是单独识别率最高的两个谱图之间的数据融合，在单谱的情况下，紫外光谱识别率可以达到 92.20%，离子迁移谱识别率可以达到 94.51%。但谱图融合后的数据能否提高识别效果取决于两种最好的谱图数据之间是相互补充还是相互干扰。图 6-31~图 6-35 分别给出了两种谱图结合后的融合 1 和融合 2 的实验结果。从图 6-31、图 6-13 以及图 6-16 对比可以看出，融合后参数寻优走势和离子迁移谱的寻优结果更为相似，可见离子迁移谱在融合数据中起主要作用，对于 0~15 区间，融合后的数据反而不如单独的离子迁移谱数据，这可能是紫外光谱数据在 0~15 区间效果不佳而对离子迁移谱数据干扰所致。

但对于图 6-32 在 0~5 区间的局部寻优结果可知，当核函数选取 ploynomial，d=0.75 时，最高识别率可以达到 98.41%，但不够稳定。图 6-33 是此参数条件下不同产地黄芪数据的降维图，从数据分布可知，不同产地黄芪被良好地区别开来，实现了良好的分类效果。从图 6-34 来看，对于 0~20 区间，融合数据达到了很高的识别效果，在 20~50 区间识别率下降明显，这也和前面的融合 2 的寻优走势保持了一致性。在图 6-35 对 10~15 区间进行局部参数寻优时，识别率都维持了较高的水平，都在 95% 以上，当选择核函数为 ploynomial，d=11.9 时，最高识别率可以达到 99.21%，这是目前融合数据中出现的最好的效果。另外，在控制变量法下，融合 2 选择的核主成分是：紫外光谱第 1 个，离子迁移谱第 1~10 个。

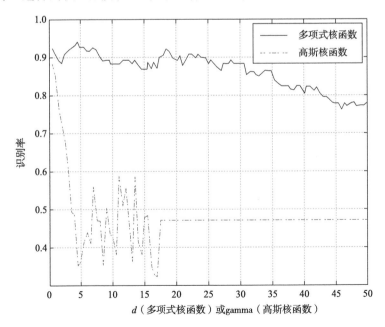

图 6-31 紫外光谱结合离子迁移谱的低层级数据融合核参数寻优

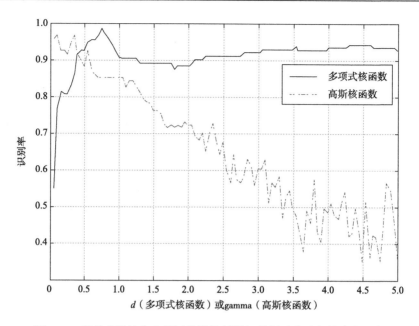

图 6-32　紫外光谱结合离子迁移谱的低层级数据融合局部核参数寻优

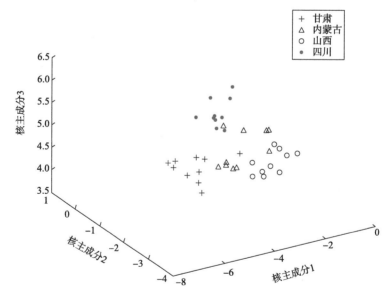

图 6-33　紫外光谱结合离子迁移谱的低层级数据融合数据降维图

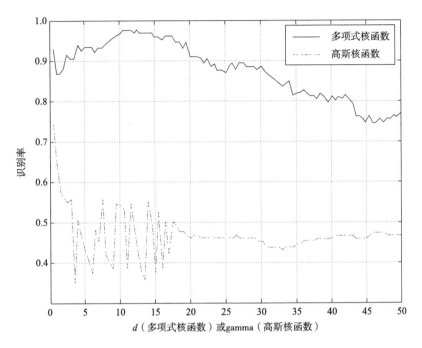

图 6-34　紫外光谱结合离子迁移谱的中层级数据融合核参数寻优

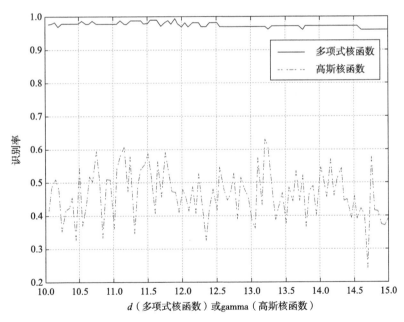

图 6-35　紫外光谱结合离子迁移谱的中层级数据融合局部核参数寻优

从两两谱图数据融合的结果可以看出，拉曼光谱的单谱识别效果最差，所以在融合过程中起到的作用最小，这从融合 2 的核主成分贡献来看尤为明显。反观离子迁移谱，由于其单谱识别率最高，在融合数据中起到的作用最大，无论是拉曼光谱结合离子迁移谱，还是紫外光谱结合离子迁移谱，融合数据的参数寻优走势都是和离子迁移谱单谱寻优走势类似。不出意料的是，两种单谱识别率最好的谱图融合后的数据识别效果最好，可以在一定区间内（10～15）达到很高的识别率，这是单谱数据不能达到的效果。总体来看，融合后的数据，无论是融合 1 还是融合 2，在大的区间范围内，识别效果都是差于最好的离子迁移谱单谱数据的，这可能是其他两个谱图数据对离子迁移谱数据的干扰所导致的；但就局部区间效果来看，总是可以找到一个区间，使得融合后的数据识别效果要好于单谱数据的识别效果。比较融合 1 和融合 2 可知，融合 2 因为存在了核主成分组合的可能性，一方面增加了识别的组合多样性从而在某些核参数点可以提高识别率，另一方面也加大了算法的复杂度和不确定性。在三个谱图融合方法中，可以看到，融合 2 在整体区间上都要差于融合 1，但在特定的区间上，却可以达到比融合 1 更好的识别率，这也体现了融合 1 和融合 2 各自的特点。综合来看，本节主张选用融合 1 作为数据融合的首选方法。

4. 三谱图数据融合

本节是对两两谱图数据融合技术的引申，重点讨论三种谱图数据之间的数据融合效果。图 6-36～图 6-40 分别给出了融合 1 和融合 2 的效果图。从图 6-36 的结果看出，三谱图数据融合综合了两两谱图数据融合的特点，其中多项式核函数的走势、图 6-21 中 35～50 区间、图 6-26 中 20～35 区间、图 6-31 中 0～20 区间的结合体，体现了在多项式核函数下，谱图特征之间的相互补充作用；而对于高斯核函数而言，参数寻优走势更接近于图 6-26 和图 6-31 的走势，可见，在高斯核函数下，离子迁移谱数据主导了整个融合数据的特征。

由图 6-37 对 0～5 区间的局部参数寻优可知，在核函数选取 ploynomial，d=0.75 时，最高识别率可以达到 98.41%，这和紫外光谱和离子迁移谱数据融合后达到的效果相同，这说明了三谱图数据融合中是紫外光谱和离子迁移谱起着主导作用，而拉曼光谱的作用微乎其微。而且，三谱图融合数据并没有出现识别率高于前述紫外光谱和离子迁移谱两谱图数据融合的效果。这也许是三谱图组合之间特征相互干扰，特别是拉曼光谱差异性小，识别率低，从而对另外两个谱图造成干扰所致。图 6-39 的融合 2 的走势延续前述融合 2 的一贯走势，都是在参数取小一点值的时候，识别率高，随着参数的增大，识别率快速走低。由图 6-40 中对 0～5 区间的核参数寻优结果可知，当核函数选取 ploynomial，d=0.6 时，达到最高的识别率 98.15%。另外，运用控制变量法的手段，选取的核主成分组合是：拉曼第 1 个，紫外第 1～3 个，离子迁移谱第 1～13 个。

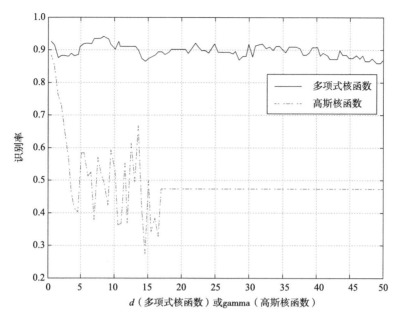

图 6-36　三种谱图的低层级数据融合核参数寻优

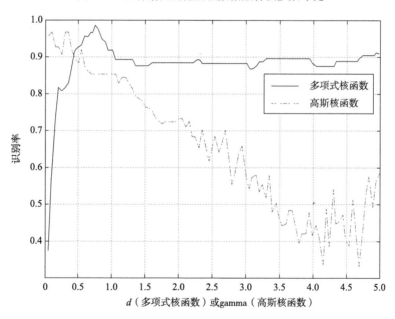

图 6-37　三种谱图的低层级数据融合局部核参数寻优

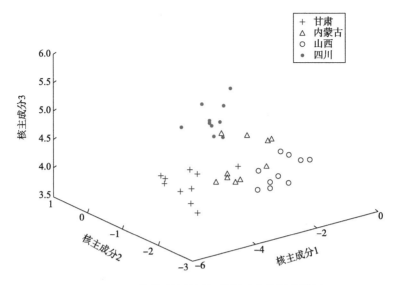

图 6-38　三种谱图的低层级数据融合数据降维图

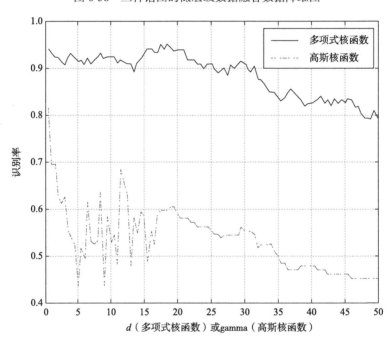

图 6-39　三种谱图的中层级数据融合局部核参数寻优

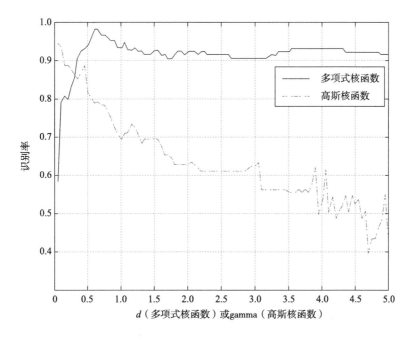

图 6-40　三种谱图的中层级数据融合局部核参数寻优

表6-3　不同数据融合方法在KPCA+SRC模型下的识别率

方法	核函数和参数	运行时间/s	识别率
R+U_1	ploynomial，d=1.4~1.45	0.036	96.43%
R+U_2	ploynomial，d=1.6	0.039	96.43%
R+I_1	ploynomial，d=0.8	0.037	96.79%
R+I_2	ploynomial，d=8.4	0.041	97.49%
U+I_1	ploynomial，d=0.75	0.038	98.41%
U+I_2	ploynomial，d=11.9	0.044	99.21%
R+U+I_1	ploynomial，d=0.75	0.035	98.41%
R+U+I_2	ploynomial，d=0.6	0.042	98.15%

注：R+U_1 代表拉曼光谱和紫外光谱融合 1，R+U_2 代表拉曼光谱和紫外光谱融合 2；R+I_1 代表拉曼光谱和离子迁移谱融合 1，R+I_2 代表拉曼光谱和离子迁移谱融合 2；U+I_1 代表紫外光谱和离子迁移谱融合 1，U+I_2 代表紫外光谱和离子迁移谱融合 2；R+U+I_1 代表拉曼光谱和紫外光谱及离子迁移谱融合 1，R+U+I_2 代表拉曼光谱和紫外光谱及离子迁移谱融合 2

本节的主要研究内容是数据融合技术对于不同产地黄芪鉴别的影响，在

KPCA+SRC 模型下，根据核参数选取和参数寻优给出具体的识别率；从而比较分析不同谱图数据组合和单谱数据识别效果，并给出一定的合理解析。实验表明，在两谱图数据融合的基础上，紫外光谱和离子迁移谱数据融合 2 效果最好，在当选择核函数为 ploynomial，d=11.9 时，最高识别率可以达到 99.21%；并且在 10～15 区间保持了一个较高的识别率，都在 95%以上。三谱图数据融合的效果并没有超越紫外光谱和离子迁移谱数据融合 2 的效果，这是拉曼光谱的本身识别率不高，在一定程度上干扰了整体识别率所致。另外，本节对于不同谱图融合技术，分别给出了融合 1 和融合 2 两种不同级别的融合技术；实验表明，融合 1 方法更为简单，识别率稳定性高，在核函数选取为多项式核函数的基础上，识别率基本上能维持 90%以上的水平，而融合 2 虽然在个别参数点可以达到比融合 1 更好的识别率，但整体识别率不够稳定，而且需要选择核主成分之间的组合，这也加大了算法复杂度。因此，本节选择融合 1 更为适宜。此外，在核函数的寻优上，无论哪种数据融合方法，识别率走势都保持了良好的一致性：在核参数（d 或 gamma）较小时，选择高斯核函数得到的识别率更高，当核参数逐渐变大，选择多项式核函数得到的识别率更高，并且维持在一个较高的水平，这也为具体核函数的利用提供了一个参考。

6.3 多谱融合算法对比分析

前面章节建立了分类模型 KPCA+SRC，并在单谱数据和多谱数据融合下，给出了模型对于不同产地黄芪鉴别的效果。本节介绍并给出目前常用的模式识别算法，并将之用于黄芪单谱和融合谱图的数据分析上，给出实验结果，用于和 KPCA+SRC 模型的对比分析。为检验 KPCA+SRC 模型的性能，本节选取了包括 KNN 算法、SVM、RF、极限学习机（extreme learning machine，ELM）、Softmax 回归（Softmax regression，SR）和 LDA 六个常用的模式识别模型作为对比，计算得出表 6-4 的实验结果，并对结果进行解析。需要说明的是，本节选用的融合数据是融合 1 的数据，并没有选取融合 2 的数据，因为融合 2 的数据涉及 KPCA 特征提取后的数据融合，这会干扰选用的六个分类器的工作。因此，本节选择的融合数据代指融合 1 的数据。

6.3.1 经典分类模型识别效果

1. KNN

KNN算法是一个理论上比较成熟的算法,也是最简单的机器方法算法之一[5]。KNN算法的核心思想是,如果一个样本的特征空间中的 k 个最相邻的样本中的大多数属于某一个类别,则该样本也属于这个类别,并具有这个类别上样本的特性。该方法在确定分类决策上只依据最邻近的一个或者几个样本的类别来决定待分样本所属的类别。KNN算法虽然从原理上依赖于极限定理,但在类别决策时,只与极少量的相邻样本有关。KNN算法主要靠周围有限的邻近的样本,而不是靠判别类域的方法来确定所属类别的,因此对于类域的交叉或重叠较多的待分样本集来说,KNN 算法较其他方法更为适合。KNN 算法通常将欧氏距离(Euclidean distance)的大小作为判别的准则,本节中也用到 L1-范数距离(L1-norm distance)和夹角余弦距离(cosine distance)作为准则给出具体的识别率。

对于 n 维空间中的两个样本 $a(x_{i1}, x_{i2}, \cdots, x_{im})$ 和 $b(x_{j1}, x_{j2}, \cdots, x_{jm})$:
欧氏距离公式为

$$d_{ij} = \sqrt{\sum_{k=1}^{n}(x_{ik} - x_{jk})}$$

L1-范数距离公式为

$$d_{ij} = \sum_{k=1}^{n}\left|x_{ik} - x_{jk}\right|$$

夹角余弦距离公式为

$$\cos\theta = \frac{\sum_{k=1}^{n}x_{ik}x_{jk}}{\sqrt{\sum_{k=1}^{n}x_{ik}^2}\sqrt{\sum_{k=1}^{n}x_{jk}^2}}$$

图 6-41～图 6-43 给出了三种距离关于 k 值选取对于识别效果的影响,从三种距离的对比来看,都是当 $k=1$ 时,识别率最大,随着 k 取值的变大,识别率急速下降,因此本节 KNN 分类器选取 $k=1$ 作为分类器 k 变量的取值,关于三种距离对于 KNN 分类器的影响,经过实验可知,欧氏距离在本节数据应用中最优,因此选取欧氏距离作为 KNN 分类器的判别准则,所得到的结果见表 6-4。从表 6-4 的结果看,KNN 分类器对于所选取的七种谱图数据来说,总体识别率较高,除了拉曼光谱和离子迁移谱外,其他识别率都在 94% 以上,这是 KNN 分类器的原理

所致，KNN 分类器只考虑样本空间距离远近，所以后面四个融合谱图数据的识别率高都是紫外光谱的贡献所造成的。从 KNN 分类器的特点和所得到的识别效果来看，不同产地黄芪的紫外光谱数据在空间距离上很好地被分开，而拉曼光谱和离子迁移谱则从距离上未被很好地区分。

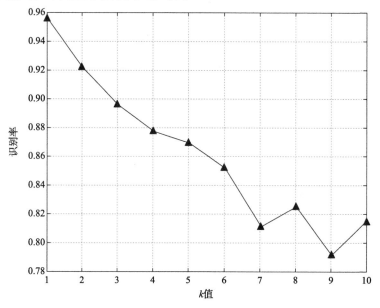

图 6-41　欧氏距离关于 k 值优化

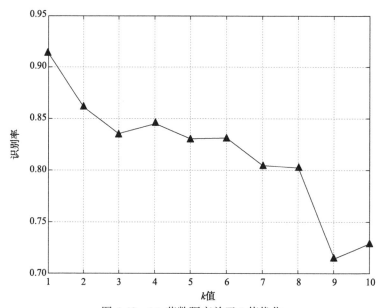

图 6-42　L1-范数距离关于 k 值优化

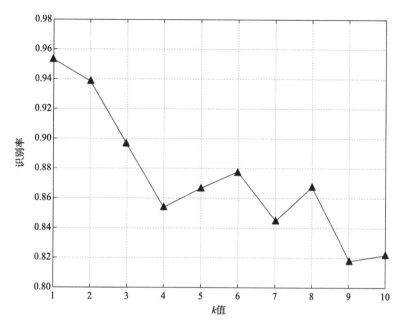

图 6-43　夹角余弦距离关于 k 值优化

表6-4　不同模型在不同数据下的识别率对比

模型	拉曼光谱	紫外光谱	离子迁移谱	R_U_1	R_I_1	U_I_1	R_U_I_1
KNN	48.45%	94.71%	62.57%	100%	95.54%	95.54%	95.54%
SVM	83.86%	92.99%	85.45%	91.44%	85.45%	90.94%	91.63%
RF	75.36% ± 1.34%	91.93% ± 0.82%	83.63% ± 1.58%	89.31% ± 0.88%	92.11% ± 1.51%	95.07% ± 0.67%	95.86% ± 0.70%
ELM	82.51% ± 9.12%	95.45% ± 4.55%	55.75% ± 10.22%	90.40% ± 4.27%	52.85% ± 9.05%	58.48% ± 7.80%	51.46% ± 8.55%
Softmax 回归	59.52%	90.05%	87.60%	89.35%	89.19%	94.58%	94.58%
PCA+LDA	65.61%	65.61%	77.55%	65.61%	77.55%	77.55%	77.55%
KPCA+SRC	70.44%	92.20%	94.51%	96.43%	96.79%	98.41%	98.41%

注：R_U_1、R_I_1、U_I_1 和 R_U_I_1 分别代表拉曼光谱和紫外光谱的融合 1 数据、拉曼光谱和离子迁移谱的融合 1 数据、紫外光谱和离子迁移谱光谱的融合 1 数据和拉曼光谱和紫外光谱以及离子迁移谱融合 1 数据

2. SVM

SVM 是 Cortes 和 Vapnik 于 1995 年首先提出的，它在解决小样本、非线性以及高维模式识别问题中表现出许多特有的优势，并能够推广到函数拟合等其他的机器学习中[6, 7]。SVM 模型是建立在统计学习理论的 VC 维理论和结构风险最小原理基础上的，它根据有限的样本信息在模型的复杂性和学习能力之间寻求最佳

折中，以期获得最好的推广能力。SVM 模型有以下基本特点：①小样本，并不是样本的绝对量小，而是与问题的复杂度比起来，SVM 算法需求的样本数较小；②非线性，样本数据在不可分的情况下，可以通过核函数来对原空间进行改造从而达到样本在更高维空间的可分；③高维数据，指 SVM 建立的分类器简洁，分类器的性能只和边界上的支持向量有关。

定义样本 $\boldsymbol{x}_i$ 的类别标记为 y_i，对于两类问题：若 $\boldsymbol{x}_i \in \omega_1$，则 $y_i = 1$；若 $\boldsymbol{x}_i \in \omega_2$，则 $y_i = -1$。于是原来的训练模式集 $\{\boldsymbol{x}_i\}$ 可以表示为 $\{(\boldsymbol{x}_i, y_i)\}$。若存在分类超平面 $d(\boldsymbol{x}) = \boldsymbol{w}^{\mathrm{T}}\boldsymbol{x} + b = 0$ 使得两类样本可分，则图 6-44 给出了 SVM 的原理示意图，支持向量决定了与最优分类界面平行且等距的两个界面，从而决定了最优分类界面。

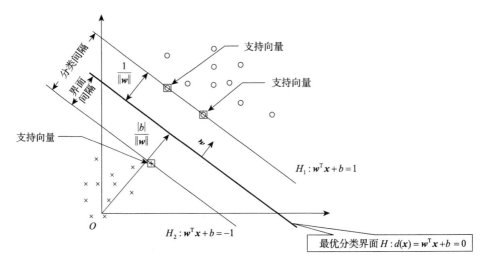

图 6-44　二维线性可分情况下 SVM 示意图

由于实际生活中多数问题都不是线性可分的，解决这类问题的一个方法是通过非线性变换把样本输入空间映射成某个高维特征空间（这样的高维特征空间为 Hilbert 空间），并在该高维空间中构造最优分类面，这就是核函数方法。该方法能使原特征空间中的非线性可分的样本集在变换特征空间中的映射点是线性可分的。

SVM 本身是针对于两类样本的分类问题，对于多类问题，SVM 提供了两种思路，一是任意两类之间建立一个 SVM 分类器，则对于 n 类样本，这样的 SVM 分类器就有 $n(n-1)/2$ 个；二是将其中一类与其他所有类之间建立一个 SVM 分类器，则对于 n 类样本，一共需要 n 个分类器，在本节中使用的多类 SVM 分类器采用第一种方法。从表 6-4 给出的 SVM 分类器效果来看，总体识别率维持高位，特别是对于拉曼光谱，相比其他分类器而言，SVM 分类器识别率可以达 83.86%，充分发挥了 SVM 对于小样本处理的优势。但是除了紫外光谱数据的识别率可以达到 92.99% 外，其他数据的识别率并不高。而且，对于融合数据而言，并没有充分利用融合数据的特点，反而总体识别率不如单独紫外光谱的高。

3. RF

RF 模型是由许多决策树分类模型 $\{h(X, \theta_k), k = 1, \cdots\}$ 组成的，其中 $\{\theta_k\}$ 是独立同分布的随机变量，在给定自变量 X 下，每个决策树分类模型都由一票表决权来选择最优的分类结果[8]。图 6-45 给出了 RF 的工作原理示意图，从图中可以看出，RF 的基本思想为：首先，利用 bootstap 抽样从原始训练集中抽取 k 个样本，且每个样本的样本容量都与原始训练集一样；其次，对 k 个样本分别建立 k 个决策树模型，得到 k 种分类结果；最后，根据 k 种分类结果对每个记录进行投票决定最终分类。

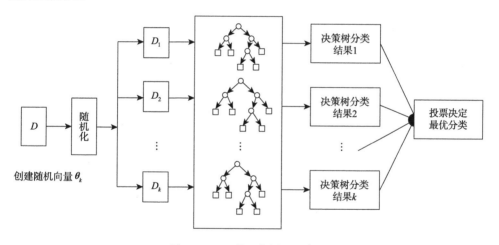

图 6-45　RF 的工作原理示意图

RF 通过构造不同的训练集来增加分类模型间的差异，从而提高组合分类模型的预测能力。通过 k 轮训练，得到一个分类模型序列 $\{h_1(x), h_2(x), \cdots, h_k(x)\}$，再用它们构成一个多分类模型系统，该系统的最终分类结果采用简单多数投票法。最终的分类决策：

$$H(x) = \arg\max_Y \sum_{i=1}^{k} I[h_i(x) = Y]$$

其中，$H(x)$ 表示组合分类模型；h_i 表示单个决策树分类模型；Y 表示输出变量（又称目标变量）；$I(\cdot)$ 表示示性函数。

　　RF 是决策树的推广，在模式识别模型当中也具备一定的代表性，表 6-4 给出了在 9-交叉验证下，RF 分类器在不同谱图数据下的平均识别率。从识别结果看，总体识别率较高，特别是对比大数分类器不能利用融合数据的优势，在四个谱图融合数据上的识别率也维持较高水平。RF 采用 bootstap 抽样方法，因此每次实验的识别率有所波动，但波动幅度不大，维持在合理的水平。在三谱图数据融合下可以达到 96%左右的识别率，相对较高。图 6-46 给出了 RF 中选择决策树棵数对于识别率的影响，从图中可以看出，每种数据测试效果对于选择合适的决策树棵数都不一致，每次实验都有所波动，因此，本节并未对决策树棵数的选择做过多的探讨，只是选择了 RF 中默认的棵数 500 棵。

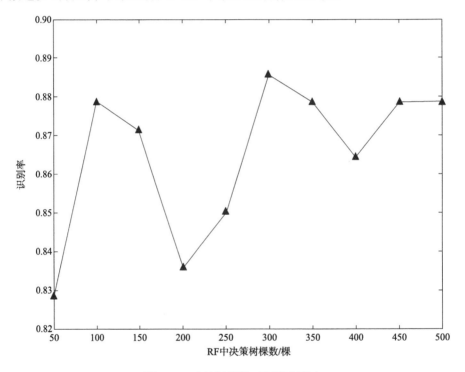

图 6-46　决策树棵数对识别率影响

4. ELM

　　由于传统的人工神经网络中，网络的隐层节点参数是通过一定的迭代算法进行多次优化并最终确定的。这些迭代步骤往往会使参数的训练过程占用大量的时间，如 BP 算法很容易产生局部最优解，从而使网络训练过程的效率得不到保证。为增强构建网络的整体性能，2004 年南洋理工大学黄广斌 Huang G. B. 副教授等提出了 ELM 算法[9]。ELM 是一种快速的单隐层神经网络训练算法（图 6-47）。该算法的特点是在网络参数的确定过程中，隐层节点参数随机选取，在训练过程中无须调节，只需要设置隐含层神经元的个数，便可以获得唯一的最优解；而网络的外权（即输出权值）是通过最小化平方损失函数得到的最小二乘解并最终划归成求解一个矩阵的广义逆（Moore-Penrose）问题。这样网络参数在确定过程中就无须任何迭代步骤，从而大大降低了网络参数的调节时间。与传统的训练方法相比，该方法具有学习速度快、泛化性能好等优点。

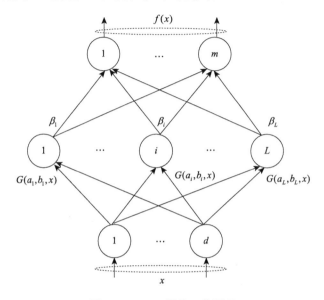

图 6-47　ELM 网络工作原理

该 SLFN 包括三层：输入层、隐含层和输出层（忽略输入层则为两层）。其中输入层包括 N 个神经元，隐含层包括 L 个隐神经元，输出层有 m 个神经元，一般情况下 L 远小于 N，输出层的输出为 m 维的向量，对于二分类问题，显然该向量是一维的

　　本节利用文献中自带的 ELM 程序用于七种数据测试中，实验结果见表 6-4，从表中可看出，其在紫外光谱的测试上，达到最好的识别效果，识别率在 95% 左右，最高可达到 100%；可见，ELM 对于紫外光谱数据的训练和测试效果最好。而相比较单谱数据而言，融合数据的效果则差强人意。特别是最后三组融合数据，经过多次随机实验的基础上，识别率始终在 40%～60% 波动，由此可见，ELM 对于拉曼光谱和离子迁移谱数据分类效果很差，而且融合后的效果更差。另外，从表 6-4 中可以看出，ELM 每次实验的识别率波动幅度较大，极不稳定，这可能是样本量少及神经网络自身的特点所致。图 6-48 给出了其中一次实验中隐含层神经元个数对 ELM 性能的影响，随着神经元的增加，识别率波动也较大，并且没有一个明确的趋势，因此，本节中 ELM 分类器并未对神经元的个数做详细讨论，

只使用了默认神经元个数 100 个。

5. Softmax 回归

Softmax 回归模型是 Logistics 回归模型在多分类问题上的推广，在多分类问题中，类别标签 y 可以取两个以上的值[10]。Softmax 回归模型对于处理诸如美国国家标准与技术研究所改进版手写数字数据库（Modified National Institute of Standards and Technology，MNIST）的手写数字分类问题还是很有用的，该问题是如何识别 10 个不同的单个数字。另外，Softmax 回归模型是有监督算法的。

回顾 Logistics 回归模型，训练集由 m 个已经标记的样本构成：

$$\left\{\left(x^{(1)}, y^{(1)}\right), \cdots, \left(x^{(m)}, y^{(m)}\right)\right\}$$

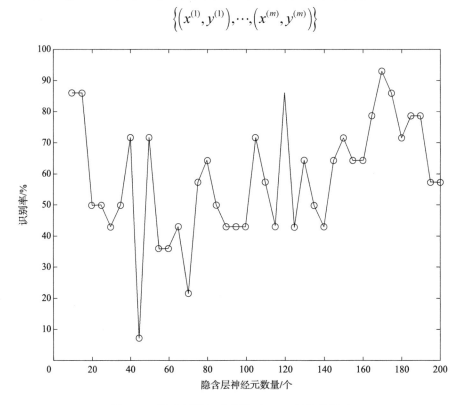

图 6-48　隐含层神经元个数对 ELM 性能的影响

其中，输入特征 $x^{(i)} \in R^{n+1}$。假定特征向量 x 的维度为 $n+1$，其中 $x_0 = 1$ 对应截距项。Logistics 回归是针对二分类问题的，因此类标记 $y^{(i)} \in \{0,1\}$。假设函数（hypothesis function）如下：

$$h_\theta(x) = \frac{1}{1 + \exp(-\theta^T x)}$$

训练模型参数 θ 能够使得代价函数最小化。代价函数如下：

$$J(\theta) = -\frac{1}{m}\left\{\sum_{i=1}^{m} y^{(i)} \log h_{\theta}\left(x^{(i)}\right) + \left(1 - y^{(i)}\right) \log\left[1 - h_{\theta}(x^{(i)})\right]\right\}$$

在 Softmax 回归模型中，解决的是多分类问题，类标记 y 可以取 k 个不同的值。因此，对于训练集 $\left\{\left(x^{(1)}, y^{(1)}\right), \cdots, \left(x^{(m)}, y^{(m)}\right)\right\}$，我们有 $y^{(i)} \in \{1, 2, \cdots, k\}$。

对于给定的测试输入 x，用假设函数针对每一个类标 j 估算出概率值 $p(y = j \mid x)$。也就是估计 x 的每一种分类结果出现的概率。因此，假设函数将要输出一个 k 维的向量（向量元素和为 1）来表示这 k 个估计的概率值。具体地说。假设函数 $h_{\theta}(x)$ 形式如下：

$$h_{\theta}\left(x^{(i)}\right) = \begin{bmatrix} p(y^{(i)}) = 1 \mid x^{(i)}; \theta \\ p(y^{(i)}) = 2 \mid x^{(i)}; \theta \\ \vdots \\ p(y^{(i)}) = k \mid x^{(i)}; \theta \end{bmatrix} = \frac{1}{\sum_{j=1}^{k} e^{\theta_j^{\mathrm{T}} x^{(i)}}} \begin{bmatrix} e^{\theta_1^{\mathrm{T}} x^{(i)}} \\ e^{\theta_2^{\mathrm{T}} x^{(i)}} \\ \vdots \\ e^{\theta_k^{\mathrm{T}} x^{(i)}} \end{bmatrix}$$

其中，$\theta_1, \theta_2, \cdots, \theta_k \in R^{n+1}$ 表示模型的参数。$\dfrac{1}{\sum\limits_{j=1}^{k} e^{\theta_j^{\mathrm{T}} x^{(i)}}}$ 这一项对概率分布进行归一化，

所以概率之和为 1。为方便起见，同样使用符号 θ 来表示全部的模型参数。在实现 Softmax 回归时，将 θ 用一个 $k \times (n+1)$ 的矩阵来表示会很方便，该矩阵是将 $\theta_1, \theta_2, \cdots, \theta$ 按行罗列起来得到的，如下所示：

$$\theta = \begin{bmatrix} - \theta_1^{\mathrm{T}} - \\ - \theta_2^{\mathrm{T}} - \\ \vdots \\ - \theta_k^{\mathrm{T}} - \end{bmatrix}$$

将 Softmax 模型应用于本节的数据得到的结果见表 6-4，从表中可以看出，除拉曼光谱数据的识别率 59.52%较低外，其他数据的识别率都在 85%以上，也较为稳定。特别是对于融合数据而言，相比较单谱数据的测试效果都得到了一定的提高，最高可以达到 94.58%。

6. LDA

LDA 是多元统计中用于判别样品所属类别的一种统计分析方法，也是模式识别中原理较为简单的监督判别方法[11]。关于 LDA 的研究最早可以追溯到 Fisher 在 1936 年发表的经典论文，所以 LDA 也称作 Fisher 判别分析，其基本思想是选择使得 Fisher 准则函数达到极值的向量作为最佳投影方向，从而使得样本在该方

向上的投影达到最大的类间离散度和最小的类内离散度。

　　LDA 作为一种经典的模式识别算法，在处理一些低维数据上，可以达到理解容易，算法简单的目的。但是对于本节中的谱图数据而言，其维度较高，因此，单独处理起来，算法复杂度较高，运算时间过长。在本节中，先对数据做了 PCA 处理（提取主成分累计贡献率>98%），而后提取主成分构成低维空间的数据矩阵；再加上 LDA 分类器做识别。表 6-4 也给出了 PCA+LDA 模型下，各数据集的识别率情况。总体来看，LDA 作为一种经典分类器对于数据分类效果并不好，最高的识别率为 77.55%。拉曼光谱+离子迁移谱、紫外光谱+离子迁移谱、拉曼光谱+紫外光谱+离子迁移谱数据的识别率一样，这可能是样本量少，在谱图特征不显著的情况下投影到的判别空间一样，造成了三种数据在同一个判别准则下工作，出现了识别率一样的结果。

6.3.2　算法识别率对比分析

　　本节主要内容介绍并给出目前常用的模式识别算法，并将之用于黄芪等中药材不同谱图的数据分析上，给出一定的实验结果，用于和本节 KPCA+SRC 模型的对比分析。本节选取了 KNN、SVM、RF、ELM、Softmax 和 LDA 六个常用的模式识别算法，每个算法都有自身的特点。其识别效果如表 6-4 所示。

　　其中，KNN 是直接根据距离来判别样本归属的算法，也是最简单和最常用的无监督分类算法，实验证明，KNN 算法在对于小样本交叉验证时，算法稳定度高，除拉曼光谱和离子迁移谱外，其他数据的识别率都能达到 94%以上。SVM 由于自身算法原理的严谨和核函数的使用成为目前多个学科中常用的分类算法，实验证明，在对于拉曼光谱，其他算法识别率普遍不高的情况下，SVM 可以达到 83.86%，这体现了 SVM 对于小样本问题的优势，但是，SVM 对于七个数据集测试中最高的识别率为 92.99%，相比较于 KPCA+SRC 模型，尚有差距。RF 是决策树的推广，由于重复抽样的影响，识别率出现一些波动，但幅度较小，并且对于融合数据的利用效果很好，在三谱图融合数据上可以达到 96%左右，是除 KPCA+SRC 模型外最高的。ELM 是一种神经网络，由于样本量少以及神经网络本身特点，使得识别率出现了较大的波动幅度，除紫外数据良好的测试结果外，其他数据并无亮点，因此并不适合本节数据的测试。Softmax 回归是 Logistics 回归在多类别问题上的推广，实验证明，除拉曼光谱数据测试效果不理想外，对于其他谱图数据的测试维持在一个较高的水平。LDA 是 1936 年就提出来的算法，原理简单，在低维数据上的使用广泛，易于理解，但对于本节数据，识别率较低，并不适合。总体来看，本节提出的 KPCA+SRC 模型相比较其他模型来说，在七个数据集上，识别率中有四个都是最高的，算法稳定，使用核函数也大大提高了模型的推广性，另外，模型能充分利用融合数据的特点，使得融合数据集的效果好于单谱数据，这也为不同样本的分类提供了一个良好的思路。

参 考 文 献

[1] Mallat S G. A theory for multiresolution signal decomposition：the wavelet representation. IEEE Transactions on Pattern Analysis and Machine Intelligence，1989，11（7）：674-693.

[2] Groth D，Hartmann S，Klie S，et al. Principal components analysis//Bryant J. Methods in Molecular Biology. Totowa：Humana Press，2012：527-547.

[3] Schölkopf B，Smola A，Müller K R. Nonlinear component analysis as a kernel eigenvalue problem. Neural Computation，1998，10（5）：1299-1319.

[4] Schölkopf B，Smola A，Müller K R. Kernel principal component analysis//Nugent R. Lecture Notes in Computer Science. Berlin，Heidelberg：Springer，1997：583-588.

[5] Muja M，Lowe D G. Scalable nearest neighbor algorithms for high dimensional data. IEEE Transactions on Pattern Analysis and Machine Intelligence，2014，36（11）：2227-2240.

[6] Burges C J C. A tutorial on support vector machines for pattern recognition. Data Mining and Knowledge Discovery，1998，2（2）：121-167.

[7] Cortes C，Vapnik V. Support-vector networks. Machine Learning，1995，20（3）：273-297.

[8] Breiman L. Random forests. Machine Learning，2001，45（1）：5-32.

[9] Huang G B，Zhu Q Y，Siew C K. Extreme learning machine：a new learning scheme of feedforward neural networks. 2004 IEEE International Joint Conference on Neural Networks. 2004.

[10] Jiang M Y，Liang Y C，Feng X Y，et al. Text classification based on deep belief network and softmax regression[J]. Neural Computing and Applications，2018，29（1）：61-70.

[11] Fisher R A. Fisher's linear discriminant analysis to its regularized variants and pattern recognition algorithms[J]. Annals of Eugenics，1936，7（2）：179-188.